国家自然科学基金面上项目(52174157)资助

微生物燃料电池处理页岩气返排废水

冯　岐　徐龙君　谭文雯　著

中国矿业大学出版社
·徐州·

内容提要

本书聚焦页岩气开发过程中产生的难降解返排废水，深入探讨其高效治理的技术与机制。重点介绍电催化氧化与微生物燃料电池技术在废水处理中的应用潜力，系统分析了电极材料优化和工艺改进对处理效率的影响，并研究了微生物燃料电池与电催化氧化耦合系统的处理效果及作用机理。本书为高效、绿色的页岩气返排废水处理提供了理论依据和实践指导。

本书适合从事环境工程、安全工程、材料科学与工程及相关交叉学科研究的科研人员参考使用。

图书在版编目(CIP)数据

微生物燃料电池处理页岩气返排废水 / 冯岐，徐龙君，谭文雯著. — 徐州：中国矿业大学出版社，2025.1. — ISBN 978-7-5646-6608-8

Ⅰ. TM911.45;X703

中国国家版本馆 CIP 数据核字第 20255PZ505 号

书　　名　微生物燃料电池处理页岩气返排废水
著　　者　冯　岐　徐龙君　谭文雯
责任编辑　陈红梅
责任校对　彭　耀
出版发行　中国矿业大学出版社有限责任公司
（江苏省徐州市解放南路　邮编 221008）
营销热线　(0516)83885370　83884103
出版服务　(0516)83995789　83884920
网　　址　http://www.cumtp.com　**E-mail**:cumtpvip@cumtp.com
印　　刷　徐州中矿大印发科技有限公司
开　　本　787 mm×1092 mm　1/16　**印张** 8.25　**字数** 206 千字
版次印次　2025 年 1 月第 1 版　2025 年 1 月第 1 次印刷
定　　价　45.00 元

前　言

基于页岩气的赋存状态及其气藏低渗透性，钻井和水力压裂技术得到了广泛的应用，但采用该技术在开采过程中会产生大量的页岩气压裂返排废水以及含油基泥浆和油基岩屑。返排废水含有高盐（如 Cl^-、SO_4^{2-} 等）、难降解复杂有机物以及重金属等复杂组分，而油基泥浆和油基岩屑除了以上特点外，还含有高油脂、溶解性、挥发性和半挥发性复杂有机物（如多环芳烃等），对生态环境安全造成严重威胁。微生物燃料电池（MFC）和电催化氧化在生物难降解有机废水领域受到广泛关注，并且前者产生的电能可以为微生物电解池和膜生物反应器等提供能量。

基于此，本书提出制备高性能的炭材料和 Ni 合金电极，并且将其应用到电解池（EC）对页岩气开发废水（压裂过程中产生的返排废水和钻井过程中产生的废油基泥浆的统称）协同处理中；利用微生物燃料电池回收的能源作为电解池的驱动电源；通过产电性能特征、返排废水/泥浆中化学需氧量（COD）、无机氮、电导率和 pH 值等主要污染物的变化和微生物群落结构的变化，探明 MFC、电催化降解页岩气开发废水的机理以及微生物燃料电池-电解池耦合处理废水的作用机制。

本书分为 4 章：第 1 章介绍页岩气返排废水处理现状；第 2 章介绍电催化氧化处理页岩气返排废水；第 3 章介绍双室 MFC 处理页岩气返排废水；第 4 章介绍自驱动 MFCs-EC 耦合系统处理页岩气返排废水。其中，第 2、3 章由冯岐和徐龙君共同编写，第 1、4 章由冯岐和谭文雯共同编写。全书由冯岐统稿、定稿。

在本书出版之际，感谢国家自然科学基金面上项目（52174157）资助，所有研究成果均反映在书中。

由于作者学识和水平有限，书中疏漏和不妥之处在所难免，恳请广大读者不吝赐教。

著　者

2024 年 5 月

目　录

第 1 章　页岩气返排废水处理现状

1.1　页岩气返排废水水质特征

在现代工业飞速发展时期，能源的开采与利用带动了经济的发展，同时，带来的环境污染却是亟待解决的大问题。页岩气是包裹在不渗透碎岩屑中的一种天然气。据能源信息管理机构统计，全球页岩气的储量大约为 7.16×10^{15} m^3，可以保证全球超过 100 年的燃料供应需求。页岩气开采对技术手段要求较高，其中水力压裂技术被广泛应用。尽管该技术开采成本低廉，但是在作业过程中会产生大量的返排废水。由于对页岩气这种清洁环保能源的需求量的不断增加，随之带来的返排废水量也不断增加，因而高效处理这类废水将为经济的发展和生态保护作出贡献。

页岩气返排废水以高盐、化学物质成分和性质复杂、具有潜在的放射性、具有重金属污染物以及环境毒性和影响因素多为典型特征。可以说，返排废水的排放被认为是污染地表水的最大风险[1]。页岩气返排废水中有机污染物包括胶凝剂、杀菌剂、阻垢剂、润滑剂、表面活性剂等，其污染特性有以下几个特征：

(1) 压裂液中的有机物会被页岩层液体吸收、稀释、在岩层中反应或生物转化；除此之外，还可能与岩层中的有机物发生生物化学转化，使得返排废水中的污染物组分复杂且多变。

(2) 返排废水中的有机污染水平高，TOC 浓度高达 2 348～43 550 mg/L，且其中难降解苯系物、多环芳烃以及杂环化合物等具有致癌、致畸和致突变的风险[2]。

(3) 由于返排废水有一定的自降解能力，因而生物净化法处理返排废水有机物具有一定的潜力[3]。

如果页岩气返排废水处置不当，那么将直接危害我国水源生态环境，导致我国可利用水资源减少，加剧水资源短缺的现状。严重的是，废水中含有的重金属、有机溶剂、石化产品、杀虫剂和硝酸盐等有毒有害物质会引起水体中物种的减少，并导致人体患上皮肤疾病、呼吸道疾病、神经系统疾病和癌症[4-7]。因此，面对水污染防治的严峻形势，寻求一种绿色技术高效处理页岩气返排废水对保障生态环境安全和人类健康有着重要意义。

1.2 电催化氧化处理页岩气返排废水的研究进展

近年来，科研人员进行了大量有关页岩气返排废水处理工艺的研究，主要分为物理处理技术、化学处理技术和生物处理技术。其中，物理处理技术主要包括机械蒸汽压缩蒸发、反渗透、正渗透和膜蒸馏技术，然而受废水含盐量、成本、能耗以及技术成熟程度等因素的影响，这些技术仍需进一步完善[8]。化学处理技术主要包括化学活化法、絮凝法、中和法、固化法和酸化法等，同样存在运行成本高、能耗大、二次污染严重等问题。生物处理技术主要包括活性污泥法、生物膜法、生物滤池法等。

Feng 等[9]将垃圾渗滤液和好氧污泥混合成不同体积配比的阴极液，以考察其对双室 MFC 处理页岩气返排废水的影响。研究结果表明，当垃圾渗滤液浓度为 25%时，阳极室页岩气返排废水和阴极液 COD 去除率分别为(61.9±2.4)%和(60.3±0.8)%，电池的最大功率密度升高至 14.04 W/m^3。这种新颖的研究方式为降解页岩气返排废水提供了一种新的思路和选择。杨政鑫[10]、张腾[11]通过制备高性能 MFC 阳极材料用于处理含页岩气返排废水的混合溶液，实现了有机污染物的高效去除。尽管生物处理法具有较高的污染物去除效率、处理费用低的优点，但是菌种的培育和选择十分困难且处理周期较长，难以大规模应用[12]。因此，针对页岩气返排废水对水体安全和生态环境造成的威胁以及现场处理方式存在的一系列风险，科研人员开发了多种高效清洁技术和组合工艺对该类废水进行处置。机械蒸汽压缩蒸发(MVC)、反渗透、膜蒸馏和正向渗透是在水回用或地下注入前降低废水中总悬浮物固体浓度的先进处理技术，但在多数情况下难以达标或无法回收利用。威立雅水务公司提出了以热传导、除气、化学软化、介质过滤、离子交换、双向反渗透系统等组合成的 OPUSTM 专利技术处理压裂返排废水[13]，提高了水的回收利用率；美国 Ecosphere Technologies 公司开发的“臭氧+超声+电解”组合工艺处理返排废水，并将处理后的出水回用[13]；范青玉等[14]采用化学絮凝-高级氧化联合处理压裂废水。达到了回注标准要求。科研人员还开展了絮凝法[15]、电絮凝法[16]、电气浮法[17]、Fe/C 微电解耦合 H_2O_2 氧化和高级氧化技术[18]、电絮凝-过硫酸钾氧化法[19]、臭氧氧化与聚四氟乙烯薄膜联合[20]等对页岩气压裂返排废水的处理研究。

上述研究主要是从絮凝和氧化角度考察了各种条件下对返排废水的处理，处理效率在 60%左右(COD)，多数不能满足回注或达标排放标准要求。据杨德敏等[21]的研究可知，返排废水经“预氧化→混凝反应→隔膜压滤机过滤→滤液 pH 值调节→臭氧催化氧化反应→过滤”的复杂组合工艺处理后方能达到排放或回注的要求，但物耗和能耗较高。陈志军等[22]设计了一种光催化氧化压裂返排污水处理装置，其中包括池体、进水管线、射流器、催化氧化剂池、曝气系统、出水管线、内置臭氧紫外灯管的石英管、内置臭氧紫外灯的石英管安装板，池体内设置有用多块竖直隔板隔开成相互连通的多个空间，射流器的加药口与催化氧化剂池相连。然而，该专利未明确催化剂的类型，同时存在工艺复杂、流程长、耗能耗时、成本高等局限性。有学者通过自制 RuO_2/PPy 电极组建二维电催化氧化工艺对压裂返排废水进行处理[23]，COD 降解率可达到 90%以上，但其受电极材料稳定性差、寿命短等的限制，具有电流效率低、成本高、难以实现工业化等缺点。

目前,国内外针对油基泥浆和钻屑所造成的环境危害,一方面探寻能替代油基泥浆的新型环保钻井泥浆,另一方面研究开发油基钻屑的处理技术。油基泥浆主要的处理方法有:

(1) 回注地层或重新配置成钻井液[24],但存在发生泄漏和二次污染的风险。

(2) 稳定化/固定化后填埋[25],加入稳化剂和固化剂限制有毒物质的迁移和溶解,但可能发生渗漏而污染土壤。

(3) 清洗、脱水和超临界二氧化碳萃取[26],清洗主要通过加入破乳剂和表面活性剂等化学试剂洗脱有机污染物,脱水是通过高速离心等脱水方式分离出大部分的水分和油,而超临界二氧化碳萃取是采用超临界态下的二氧化碳萃取分离有污染物、清洗和萃取的复杂工艺,三种方式难以完全分离出钻屑中的有机物,并且处理过的钻屑仍然属于危险废物,需要进一步的处理。

(4) 降解(微波热解[27]、生物降解[28]、超临界水氧化[29]和焚烧[30]),微波热解和焚烧法存在能耗较高、成本高和二次大气污染等问题,生物降解存在的主要问题是降解慢、降解不彻底,超临界水氧化技术设备要求(成本)高、工艺复杂而难以在工程上应用。

据调查,目前重庆地区页岩气钻探过程中的含油类废物均采取"固化+填埋"的方式处置,然而固化存在问题时将会造成二次污染。例如,固化时水泥等固化剂添加不足,导致岩屑未能完全固化,而外固化层受到外力作用导致塌陷,雨水通过土壤进入固化体内,使其中未能固化的物质外溢导致土壤污染。

1.2.1　电催化氧化处理页岩气返排废水原理

电催化氧化是利用阳极的氧化作用直接氧化有机物,或者利用阳极在通电时产生的强氧化性的活性自由基将有机物降解为 H_2O 和 CO_2 的高级氧化技术[31]。电催化氧化处理废水的装置如图 1.1 所示。

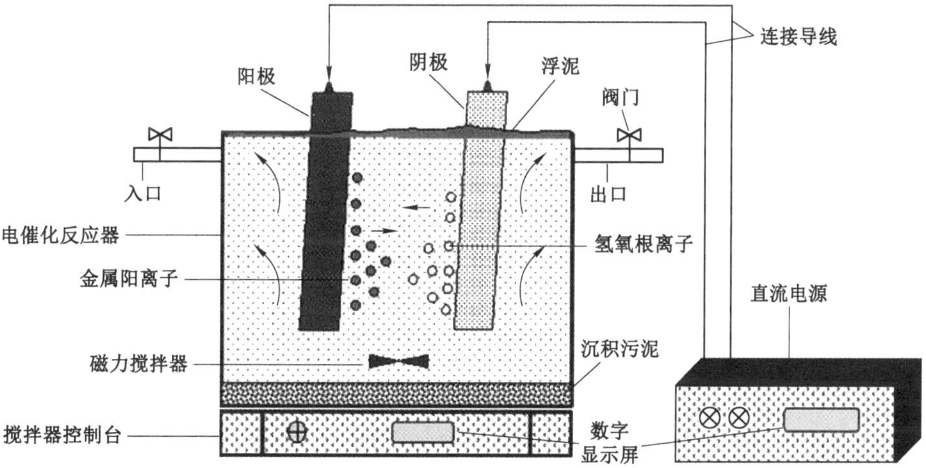

图 1.1　电催化氧化处理废水的装置[32]

因电催化氧化具有降解彻底,反应迅速且无二次污染的优势。目前,科研人员已经在废水处理领域开展了大量研究。根据电催化氧化反应作用机理的不同,可将其分为以下两类。

1.2.1.1 直接氧化过程

直接氧化是指有机物直接在阳极上发生氧化反应，该过程在电极与有机物之间直接发生电子转换[33]。有机废水成分复杂，有些有机物经过氧化后直接变成CO_2和H_2O，称为“电化学燃烧”；而有些有机物转化成其他无毒或易处理的物质，需要进一步处理，称为“电化学转化”。具体反应的过程如下：

首先，阳极发生放电反应，生成物理吸附的活性氧：

$$MO_x + H_2O \longrightarrow MO_x[\cdot OH] + H^+ + e^- \tag{1.1}$$

然后，·OH发生反应，其中氧移入氧化物晶格中形成高价氧化物：

$$MO_x[\cdot OH] \longrightarrow MO_{x+1} + H^+ + e^- \tag{1.2}$$

如果体系中无有机物，那么两种活性氧（·OH、MO_{x+1}）将发生反应生成氧气：

$$MO_x[\cdot OH] \longrightarrow \frac{1}{2}O_2 + MO_x + H^+ + e^- \tag{1.3}$$

$$MO_{x+1} \longrightarrow MO_x + \frac{1}{2}O_2 \tag{1.4}$$

如果反应体系中存在有机物(R)时，·OH由于无选择性使R发生电化学燃烧，而MO_{x+1}对R进行选择性的氧化：

$$R + MO_x[\cdot OH]_y \longrightarrow CO_2 + MO_x + yH^+ + e^- \tag{1.5}$$

$$R + MO_{x+1} \longrightarrow MO_x + RO \tag{1.6}$$

1.2.1.2 间接氧化过程

间接氧化是指电极电催化氧化产生的中间物与污水进行反应，而这些活性物质可以对污水中的有机物进行分解。中间物质的扩散速度决定了氧化反应进行的快慢，且该过程不可逆。间接氧化法的氧化过程如下：

阳极反应：

$$H_2O \longrightarrow [O] + 2H^+ + 2e^- \tag{1.7}$$

阴极反应：

$$H_2O + e^- \longrightarrow [H] + OH^- \tag{1.8}$$

实际上，有机物的电催化降解过程很复杂（图1.2），既可以发生电化学燃烧，又可以发生电化学转化；既有直接氧化，又有间接氧化[34]。

近年来，电催化氧化技术已经在石油废水、制药废水、制革厂废水、垃圾渗滤液和染料废水以及高浓度的氨氮废水领域取得了一系列的进展。采用电催化氧化技术对石油精炼废水进行处理[35]，阳极为掺硼金刚石薄膜电极(BDD)和钌混合金属氧化物电极。研究结果表明，在低电流密度下苯酚基本完全去除，COD去除率达96%以上。Tang等[36]利用充气电解工艺原位处理页岩气返排废水，有效减少污染水源中总消毒副产物(DBPs)的形成，使得废水中的溴化DBPs的形成减少了79%。此外，也有研究构造了一套电凝废水处理装置用于处理油田废水，絮凝沉淀效果得到有效提升[37]。相较于单一工艺而言，生物电化学耦合技术可以实现阴极硝酸盐还原和阳极氧化同步进行，生物-电化学反应器可以高效率去除污染物（有机物和硝酸盐的去除率大于或等于99%），同时对环境的负面影响最小[38]。采取电化学高级氧化工艺(SR-EAOP)和电凝技术(EC)耦合处理老龄垃圾渗滤液[39]，以铂/钛作为SR-EAOP阳极，以阴极为铁板。结果表明，组合工艺SR-EAOP+EC可有效去除废水中的污染物，其中COD的去

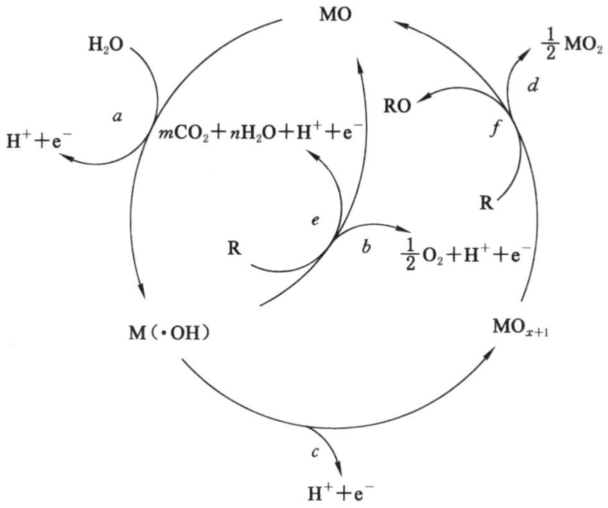

图 1.2　有机污染物在阳极上的氧化过程[34]

除率为 88.67%。微生物电池与电解工艺结合处理煤灰渗滤液[40]时，对重金属铜、锌、铅的去除率分别达到 98.5%、95.4% 和 98.1%；采用光-电-芬顿混合系统处理棕榈油厂废水，发现混合工艺的电-芬顿、芬顿-光催化性，其 COD 最优去除率高达 97%[41]。

总体来看，目前电催化氧化技术的研究主要集中在两个方面：

(1) 研发新型电催化阳极或阴极。目前除了众所周知的 BDD 电极，许多不同的阳极材料[包括薄膜氧化物(如 PbO_2、SnO_2)、贵金属(如 Pt、Pd)和尺寸稳定的阳极(DSA)、金属氧化物覆盖的钛基金属(如 RhO_x、RuO_2 和 IrO_2)以及混合金属氧化物(MMO，如 Ru-IrO_2 和 Pt-IrO_2)]同样取得了较好的水处理效果[42]。但是，上述电极成本较高，需要较高的电动势，限制了其在实际中的应用前景，如何获得更经济的催化电极，提高阴极/催化剂的稳定性、抗污染性和简化电极的制备工艺将有利于电催化工艺的工业应用。

(2) 探索电催化氧化技术与其他处理工艺耦合或联用，如电絮凝、微生物电解池、光催化和光催化燃料电池等，确保该技术废水降解效率最优化以及该项技术发挥最大作用性。

1.2.2　电极材料对电催化性能的影响

阴阳极材料在电催化处理有机废水过程中都起着重要作用。阳极的析氧电位的提升有助于增强稳定性，抑制副反应的发生，而阴极的析氢过电位会影响质子的传递速率，从而会影响电解效率。不同电极材料的反应速率，产生的自由基类型、导电性、寿命、发生的氧化还原过程和作用机理都有所差别[43]。下面总结了几类常用于废水处理的电极。

1.2.2.1　金属合金电极

金属合金电极是良好的催化析氢性能的电极材料，如 Fe 基金属合金、Ni 基金属合金。以泡沫镍为基体制备的二元和三元合金电极，由于具备高硬度、良好的耐腐蚀性和耐磨性的特点，因而受到普遍欢迎，尤其在催化析氢反应(HER)方面表现突出[44-45]。Ni/金属/非金属合金电极可分为二元合金和三元合金。目前，关于 Ni-S、Ni-P 等二元合金的研究较多。根据电催化理论，电极表面的吸附热能决定了电催化活性的高低，吸附热的大小取决于著名的“火山”曲线。李宁等[46]利用电沉积的方法制备了非晶态 Ni-Co-P 薄膜，其表观活化能分别比Ni-Co 和 Ni 电极降低了 26.73 kJ/mol 和 37.47 kJ/mol，表现出较好的电催化析氢性能。李聪等[47]通过电沉积的方法以形稳型钛阳极（DSA）为基体制备了 Ni-Mo-P 薄膜，相对于钛基体，其电催化性能、稳定性和耐蚀性都得到了提升。他们还认为，Ni-Mo-P 电极的 HER 性能可以两用步合成法完成，但其催化性能有待进一步提高。Man 等[48]比较了不同过渡金属 Mo、Mn、Co、Fe 掺杂 Ni-P 合金的 HER 活性，与其他过渡金属（Mn、Fe 和 Co）相比，Mo 具有一定的稳定性，对提高 Ni-P 的 HER 催化活性影响较大。

Ni-Mo-P 电极除了具备二元合金电极的优势外，还具有超高的催化活性、原材料丰富和廉价的优势，目前已经广泛用作电解水制氢以及碳氢化合物蒸气重整制氢催化剂[49]。Ni-Mo-P 合金电极常用的是直流电沉积法，其操作简单，成本较低，是国内外大多数研究者所采用的制作方法[50]。该工艺的关键在于如何控制电镀工艺条件，如镀液种类、成分配比、电沉积时电流密度、温度和 pH 值等。其中，通过采用不同的电流密度，可以制备晶粒细小、镀层致密的合金，尤其是电流密度对沉积层成分和形貌有着至关重要的影响[51-52]。例如，直流电镀使用较大电流密度不但不能提高镀速，反而使阴极上氢气析出量增加，电流效率降低，镀层质量变坏，使镀层出现氢脆、针孔、麻点、烧焦和起泡，甚至产生粗糙或树枝状的镀层[53-54]。该电极主要是以多裂隙的非晶结构呈现，分别如图 1.3 和图 1.4 所示。

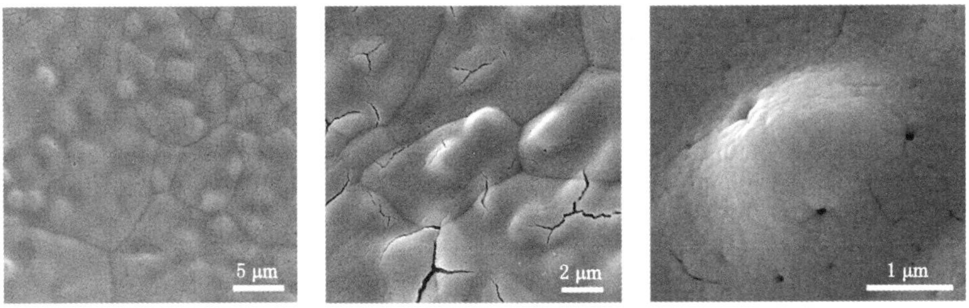

(a) (b) (c)

图 1.3 Ni-Mo-P/NF 在不同放大倍率下的 FE-SEM 图像

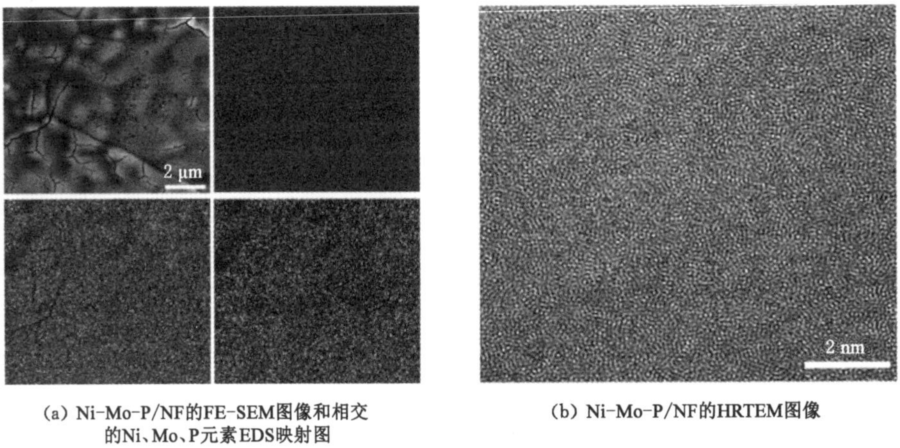

(a) Ni-Mo-P/NF的FE-SEM图像和相交的Ni、Mo、P元素EDS映射图

(b) Ni-Mo-P/NF的HRTEM图像

图 1.4 Ni-Mo-P 电极形貌和物相结构

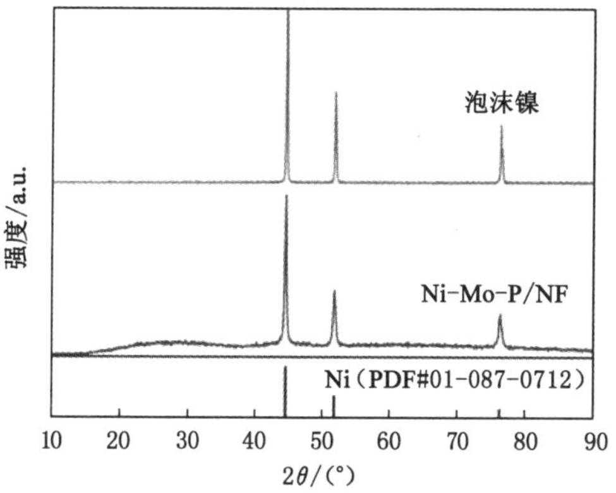

(c) Ni泡沫和Ni-Mo-P/Ni的XRD

图1.4 (续)

目前,合金电极制备方式主要分为化学镀和电沉积两类。通过化学镀制备的Ni-Mo-P合金镀层较厚时,其脆性大并容易脱落,沉积速率也很慢。然而,采用直流电沉积法制备的Ni合金电极在大电流密度条件下会抑制晶核的生长,团聚现象严重,涂层在基体表面的附着力下降。因此,在制备该类合金电极时,有必要优化其电流密度,进而提升电极镀层稳定性及性能。一般来说,恒压或恒流电沉积法很难控制电极形貌,因而电极的催化性能将达到最大化[55],循环伏安法作为一种三角波脉冲电沉积技术得到了科研人员的关注。Bai等[56]在合适的电位范围内(0～－1.2 V),通过循环伏安法沉积法成功制备了Ni-Co合金电极,并且研究了循环伏安次数对晶相结构、形貌和负载量的影响。结果表明,晶粒尺寸、负载量随着循环次数的增加而增加,但沉积机理不会随着循环次数的变化而发生变化。通过循环伏安电沉积可制备得到均匀致密的NiP_x的纳米球,其在中性磷酸盐缓冲溶液中长期电解中表现出高的电催化效率和超稳定的析氢性能[57]。因此,利用循环伏安电沉积技术制备Ni-Mo-P催化剂有望成为一种制备理想电催化剂(均匀分散和高催化活性)的可行方法。

1.2.2.2　炭材料电极

炭材料由于孔隙结构发达,具有良好的导电、导热及化学稳定性,高比表面积和理化稳定性好等优点,有利于电化学反应的进行。用碳素纳米管修饰石墨电极处理焦化废水时,苯酚及COD的去除率高达94%和95.32%[58]。近年来,生物炭电极由于制备工艺简单、比表面积大而备受欢迎[59]。生物炭材料作为一种新兴的炭材料,具有独特的3D大孔结构、较快的电子转移动力学性能以及生物兼容性增强的协同作用,而且其原料来源广泛、成本相对较低、孔隙比表面积大、电化学性能好和制备简单。生物炭材料主要的制备工艺如图1.5所示。生物炭是一种富含碳的高芳香族固体物质,是在无氧或限氧条件下高温热解得到的多种生物质,如农林废弃物、木材废弃物、污水污泥和煤/重质油等的副产品等[60]。目前,选择合适的生物质制备生物炭是一项重要的研究内容,因为生物炭的质量和经济可行性取决于原材料。

已有研究表明,金属-Si生物炭材料可以克服稳定性差、粒径小的缺点[61-62]。例如,与Mn/Si生物炭/氧化铁[62]、TiO_2/生物炭[63]、生物炭/氧化锌[64]与多功能Ag-生物炭材料[65]相比,纯生物炭可以提供更多的表面活性位点。此外,生物炭材料表面涂有其他化学物质(金属氧化物或非金属氧化物),电极具有较高的电容和较低的内阻。当用SiO_2修饰多孔生

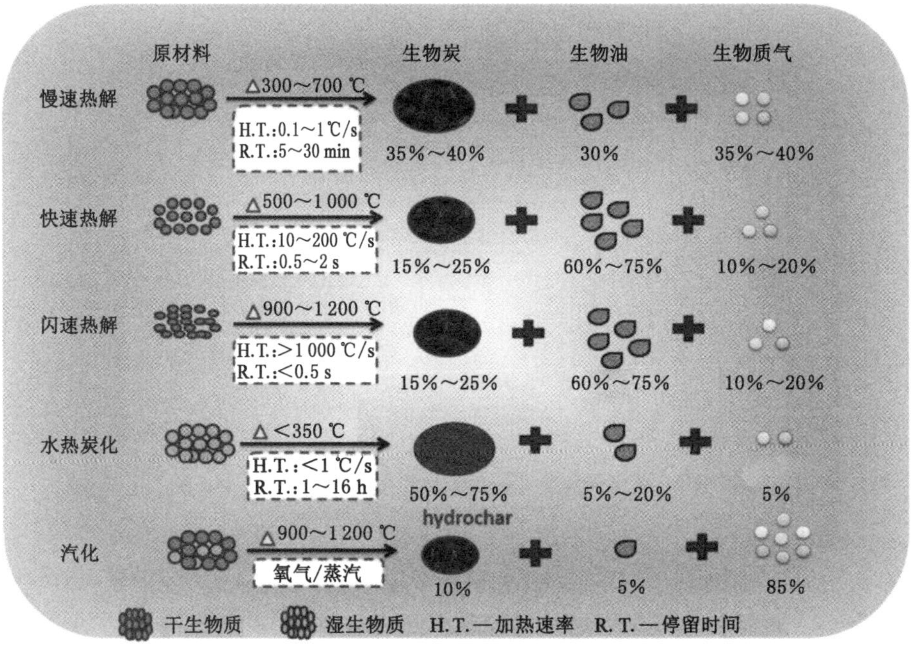

图 1.5 生物炭材料的制备方法[59]

物质炭电极时，其比表面积增加约 1 倍，电吸附电容显著提高[66]。Fe_2O_3生物炭的良好性能表明，α-Fe_2O_3/生物炭可作为超级电容器负极材料的理想材料[67-68]。然而，目前关于生物炭电极处理废水的研究还很少。而废油基泥浆和油基岩屑中还含有丰富的金属元素以及一定比例的金属氧化物，如二氧化硅、氧化铁或硫酸钡[69-70]。因此，可以尝试其为前驱体合成生物炭材料，以提高比表面积和电化学性能。例如，废油基泥浆和油基岩屑是石油和天然气勘探开采过程中产生的副产物，更是一种危废。在以往的研究中，热解已被证明是一种无害的处理方法，可以最大限度地减少含油废物的降解质量[71-74]。此外，已有研究还发现，通过炭化或活化技术[72]，油泥中的有机物可以转化为生物炭、石油焦和天然气等可利用的能量形式。因此，通过热解制备油基炭材料是一种有前景的、有效的、资源化的、可降低毒性和环境影响的利用方法。然而，由于固体副产物的利用途径十分有限[75]，且油基泥浆的碳含量仅为25%～40%[76-77]，显著低于其他生物质残渣，如柳木、松树、芒草和芒草（70%～80%）[78-79]，这可能导致生成的炭材料电子接收能力和交换容量降低[80]。因此，如何高效地利用该类废泥浆仍将面临很大的挑战。

岩屑中氢含量低、碳含量高，热解过程中更容易生成相对分子质量较大的碳氢化合物，不利于多孔炭材料的形成[73-81]。通过尝试以油基泥浆和油基岩屑为前驱体合成生物炭材料，可改善离子传输路径并增强裸生物炭的导电性，而热解可以减少重金属在油基泥浆和油基岩屑中释放的可能性。从另一角度考虑，采用油基泥浆和油基岩屑作为混合原料，可以进一步降低生物炭的制备成本，提高其应用价值。

1.2.2.3 稀土掺杂改性电极

目前，掺杂改性电极材料主要包括三个方面：过渡金属元素、稀土/非稀土元素和非磁性离子修饰[82]。稀土电极改性主要是通过增加晶体缺陷和表面粗糙度实现的。Zhi 等[83]在制备 Cu-Ce-La 催化剂时发现，通过 Cu^{2+} 取代 Ce^{4+} 进入 CeO_2(111)骨架有利于催化剂的活性和热稳定性的提升。结果表明，以 NaOH 为沉淀剂的共沉淀法制备的 Cu-Ce-La 混合氧化物相对于均相沉积和沉淀沉积法具有更高的活性和热稳定性。稀土元素在地球的储量十分丰富，其组成的化合物已广泛应用于电极之中，如稀土(La、Nd)氧化物作为添加剂已用在镍电池、二氧化锡、二氧化铅电极[84]等；冯岐等[23]通过稀土 Er 掺杂 SnO_2-Sb_2O_3 电极，物相表征和电化学性能测试表明在 $n(Sn^{4+}):n(Er^{3+})=100:4$ 时，涂层细化最为明显，减轻了电极钝化现象，该电极对页岩气返排废水的 COD 去除率可以达到 96%以上。稀土元素具有特殊的 $4f$ 电子层结构和化学性质，熔融盐电沉积稀土元素可以提升电极的催化活性[85]、氢存储容量[86]、稳定性和耐蚀性[87]，这是因为稀土元素有许多空或半满的 d 轨道和 f 轨道，与存在配对 d 电子的金属元素之间存在协同作用，易于形成吸附和解吸的空间结构，能够提升电流效率和增加镀液稳定性。例如，在非晶态 Ni-Co-B 催化剂稀土元素(Ce、Gd 和 Nd)后，薄膜晶胞尺寸扩大以及表面的活性面积和电荷转移速率明显提升[88]。共沉积得到的 Ni-Nd(Ce)-P 薄膜相对于 Ni-P 合金电极非晶态和析氢效果更显著，这是因为稀土的加入改变了电极界面双电层结构，影响了 P 和 Ni 元素的电沉积和界面有效扩散的过程，阻止晶核的继续长大，从而有助于非晶态的形成[89]。已有研究表明，重和轻稀土元素对于电极改性作用不尽相同[85,88,90]，而且过量的稀土元素会降低表面的沉积速率，从而会影响表面的致密性和完整性。因此，选择适合的共沉积元素及其比例至关重要。

1.3 微生物燃料电池的研究现状

1.3.1 微生物燃料电池处理废水原理

微生物燃料电池(microbial fuel cell，MFC)是近年来迅速发展起来的能源利用与污水处理技术。目前，MFC 已被广泛应用于废水处理、生物传感器和生物修复等领域，特别是在污水处理领域[91]成为研究的热点。微生物燃料电池是利用附着在阳极电极表面的微生物生物膜作为生物催化剂，通过微生物代谢作用降解污水中的有机物，阳极室中的基质在厌氧条件下通过微生物代谢氧化，产生电子和质子，将其化学能或生物能有效转化为电能的装置[92]。由于 MFC 具备操作条件温和、不会产生二次污染和成本低的特点，目前已在废水处理领域取得了深入研究。其主要作用机理如图 1.6 所示。

双室微生物燃料电池的阳极厌氧环境和阴极好氧环境，为厌氧氨氧化和反硝化等特定的反应提供了适应的反应环境，不仅促进了微生物的新陈代谢作用，而且也伴随着电化学反应的发生。该技术能够净化市政废水、生活废水以及氮、硫含量高的有机废水(如硝基苯、苯酚等)，同时为有机废水的低成本处理提供新思路，如处理棕榈油厂废水[93]、印染废水[94]、畜禽废水[95]、对苯二甲酸精制废水[96]和巧克力废水[97]等，而且可还原金属离子[98]。研究表明，MFC 也可用于(老龄)垃圾渗滤液[99]和生物柴油废水的处理[100-101]。MFC 可与成熟的污水处理工艺相结合，利用微生物脱盐电池[102]处理模拟页岩气返排废水时，有机物和盐去除速率能够达到 6.4 mg/h 和 36 mg/h，且可以有效避免硫化物过饱和形成沉淀。微生物燃料电池处理模拟返排废水时发现[103]，返排废水所在的阳极室中拟杆菌门

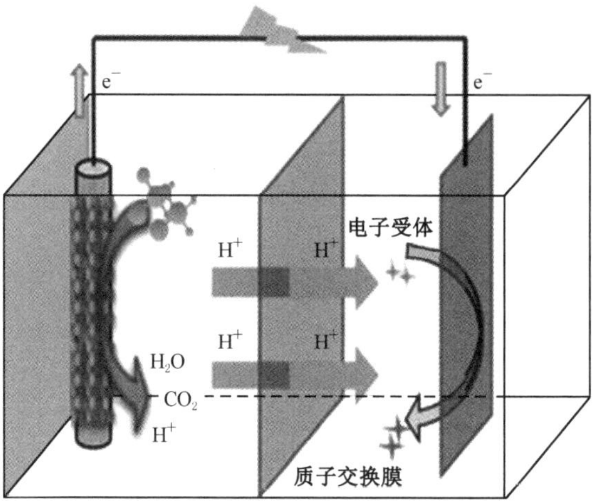

图 1.6 MFC 的作用原理[104]

(Bacteroidetes)、厚壁菌门(Firmicutes)、变形菌门(Proteobacteria)和绿弯菌门(Chloroflexi)等菌类对燃料电池电能的稳定输出有着重要的影响。

1.3.2 影响 MFC 处理废水的主要因素

影响 MFC 产电和基质去除效率的参数包括微生物燃料电池的结构、阴极和阳极组成、有效膜电极组装方式[94]、微生物的种类[103,105]、离子转运过程[106]以及阴极溶液中电子受体类型[107]和电子受体浓度[108]。例如,Khater 等[109]将单室微生物燃料电池阴阳极间距从 6 cm 缩短为 3 cm 时发现,最大开路电位从 946 mV 降至 791 mV,功率密度由 108.3 mW/m^{2}降低至 24.5 mW/m^2,短距离无膜 MFC 削弱了阳极的新陈代谢作用,影响了 MFC 整体的产电效能。同时,以醋酸为底物的单室微生物燃料电池输出电压与是否添加维生素有一定的关系,该系统在没有和存在维生素的情况下显示的最大输出电压分别为 564 mV 和 791 mV。人工湿地结合微生物燃料电池(CW-MFC)处理含盐废水表明,高盐度废水可以增加离子强度,降低内阻和促进加速电子转移的微生物生长,相对于无盐电池,输出功率提升了近 4 倍(从 3.9 mW/m^{2}提升到 16.4 mW/m^2);相对于启动时,电化学活性菌在运行时(如变色杆菌门)丰度显著增强并逐渐在群落中占主导地位[110]。阴极电解质作为电子受体,对 MFC 的产电、生化除氧和脱盐有显著的影响[111]。

此外,降低沉积物燃料电池微生物的传质阻力一直是 MFC 的研究重点[112]。研究表明,高剪切速率(低于抗拉强度水平)会导致微生物富集更强,菌落结构更紧凑[113-115]。克服微生物与电极之间传质阻力大的缺陷,其主要措施是通过延长水力停留时间[116]、旋转阳极电极[117]和对阴极室施加搅拌[112]。有报道称,聚二甲基硅氧烷(PDMS)基微尺度 MFC 的功率密度和电流密度随着流量的增加而增加,最大功率密度和电流密度分别为 0.71 mW/m^{2}和 1.8 mA/m^2,高于以往基于 PDMS 的微尺度 MFC[118]。搅拌对提高沉积物 MFC 的性能至关重要,但过高的搅拌速率会阻碍传质,增加阳极区胞外聚合物的含量[119]。因此,当基底不同时,有必要讨论搅拌速率对 MFC 性能的影响。除此之外,MFC 燃料电池的反应器结构、电极参数、运行条件、微生物菌群等都对微生物燃料电池的性能有重要的影响,但目前尚未有微生物燃料电池法处理实际油基泥浆的研究。下面着重介绍对性能影响较大的几个因素。

1.3.2.1　阴极液类型

阴极液对 MFC 的运行影响显著，但目前用于生物阴极型 MFC 的阴极液主要依赖实验药品和微生物菌液的配制。已经被广泛研究的阴极液包括铁氰化钾、过硫酸钾、纤维素、次氯酸盐、磷酸盐缓冲溶液、高锰酸钾和铬(Ⅵ)等[120-121]。研究结果表明，阴极液的类型对 MFC 的产电、BOD_5 去除和脱盐等影响尤为显著[111]。5 种不同类型阴极液(M9 介质、过硫酸盐钾、磷酸盐缓冲溶液、NaCl 和自来水)的微生物燃料电池处理 2,4-二氯苯酚的结果证实以过磷酸钾为阴极液的燃料电池的输出功率密度最高[122]，而且基质的去除效率能够达到 60%。但高浓度的阴极电解液溶液会抑制质子交换膜的传输性能，并且在运行过程可能会发生化学变化产生其他的有害物质，对水体产生二次污染。总之，这些不同类型阴极液存在造价高和适用条件苛刻的缺陷，不适用于更大规模的系统。阴极催化剂和阴极电解质的毒性也决定了不同的阴极微生物群落，进一步影响有机物降解和产电[123-124]。因此，需要一种替代的化学阴极液来提高 MFC 的性能，而且不需要成本且不会产生环境破坏[125]。老龄垃圾渗滤液具有作为阴极室电子受体的潜力，因为它本身是一种有机物浓度很高的废水，且大量的碳源和氮源可用于微生物生长，重金属和阴离子有可能有效降低 MFC 的阳极内阻[100,126]。然而，垃圾填埋场中的大部分氮以氨的形式存在，可以抑制通过循环或反硝化作用发生的快速生物降解[127]。

1.3.2.2　基质浓度

基质作为电子供体是影响阴极染料脱色的关键因素[128]。提高基质浓度有助于提高电子产量、电流输出和 MFC 能量密度，从而强化废水的有机质和色度的去除效率，但基质浓度过高可能会抑制产电微生物活性，导致系统产电性能下降。Zhang 等[129]报道，当底物浓度在 400 mg/L COD 以内时，电流和基质浓度呈线性关系。然而，目前对 MFC 中基质降解动力学和发电动力学的综合研究还很少。因此，针对不同基质，需要人们进一步优化浓度等条件，从而提升 MFC 的性能。

1.3.2.3　电子介体

多项研究明确表明，补充部分金属元素、金属氧化物和有机物等可以激活微生物，进一步加速阳极室中的电子传递[130-133]。针铁矿(α-FeOOH，为氧化铁)、零价铁、磁铁矿、赤铁矿[134]和多孔 SiO_2[135]在水中溶解度较低，其作用主要是加速胞外电子转移(EET)。结果表明，在阳极中加入纳米半导体针铁矿比活性炭的最大功率密度提高了近 36%[136]。此外，添加甲壳素、秸秆和叶片等生物质有助于增加有机质含量，进而增强微生物活性，这是 MFC 增强产电性能的重要方法之一[130]。Song 等[130]报道了使用一定水平的甲壳素作为生长介质可增加发电量。外源电子穿梭，如二磺酸盐、醌、核黄素和中性红，已被证明可以作为电解介体有助于电子间接转移到阳极，但这些介质通常是昂贵的和有毒的，从而导致额外的操作损失或不必要的消耗[136]。油基岩屑通常含有大量的石油碳氢化合物(占比大于 30%)，重晶石、Fe_2O_3、Al_2O_3和石英等重金属以矿石形式存在[73,81]，采用以混合菌为主的生物修复技术可降解其中近 83%的有机物[137]。因此，岩屑的加入为 MFC 提供有机质和金属氧化物，从而提高微生物群落中电子迁移速率，增加电细菌的丰度和多样性。资料显示，尚未有通过 MFC 技术处理/处置岩屑以减轻其对环境威胁影响的研究[138]，也未有油基岩屑加到油基泥浆废水进行处置的相关 MFC 进展研究。

1.3.2.4 电极材料

阳极和阴极均会影响MFC污染物质降解能力及电能输出性能。阳极材料是微生物传递和电子转移的重要场所,其生物相容性、导电性和热稳定性将决定MFC性能的高低。阴极影响着MFC的整体产电性能,选择合适的阴极材料及催化剂能有效提高氧还原反应(ORR)的速率。此外,ORR过程伴随着过氧化氢生成的电子反应,对于深度处理难降解有机物具有天然的优势[139]。传统的电极材料效能低下,常用的贵金属催化剂(如Pt)又因其昂贵的价格而无法大规模应用。因此,寻找价格低廉或制作成本低、高效稳定、寿命长的电极材料对MFC整体性能的提高及进一步应用具有重要意义。其中,碳基材料、导电聚合物、金属或金属氧化物以及其他新型材料由于具备比表面积大、导电性强、孔隙率高等特点[140],有利于电子或电子介体传递,进而在MFC产电及有机污染物降解方面表现出优异的性能,具有潜在的应用价值。以碳布为基体,结合电化学法和原位聚合法制备rGO/PANI电极作阳极,MFC最大功率密度是对照组的10.59倍[141];用PANI和GO修饰阴极碳毡拥有更好的氧化还原性能[142],其MFC的电化学性能也能得到显著提高。

Shanthi等[143]采用热压和炭化工艺制备了炭/炭电极(C/C),将其作为双腔MFC的阳极和阴极,并与石墨电极进行了不同的组合。结果表明,C/C材料为阴极、石墨为阳极的MFC表现出更好的性能;运行5个周期,COD去除率为63%,最大功率密度为0.37 W/m^2。

前文介绍的生物炭也可以作为一种MFC阳极材料使用。庞典育等[144]利用芦苇棉花、莲房3种天然植物通过炭化工艺制备了三维大孔阳极材料,进行了模拟抗生素废水降解的研究。其中,莲房作为MFC阳极材料性能最优,对磺胺甲基唑及氯霉素的去除率分别为97.60%和99.50%,输出的最大功率密度为4.42 W/m^2。

综上所述,碳基材料在MFC领域具有深入研究的价值,后续的工作有必要集中于炭材料电极形成的生物膜厚度、电子转移机制和效率以及对微生物的毒性抑制作用等方面。

1.3.3 MFC与其他技术耦合处理页岩气返排废水现状

微生物电解池(MEC)是一种基于MFC发展而来的学科交叉技术[145]。如图1.7所示,在阴极室能够利用催化剂加速化学反应,使阴极表面的H^+和电子结合生成氢气、甲烷等产物,同时对常见的难降解有机物和无机物均有一定的处理效果,但MEC需要额外输入电能才能驱动反应发生。已有研究表明,MFC输出的电能可以满足MEC的需求,且利用MFC产生的电能驱动MEC运行还原氨或产氢,也成为MFC电能利用的新思路,也是当前MFC技术研究的热点之一[146]。Jiang等[146]使用硫化物和有机化合物作为电子供体,在MFC-MEC耦合系统中实现了从二氧化碳中去除硫化物同时产生甲烷;将微生物电解池和微生物燃料电池串联运行处理老龄垃圾渗滤液[147](图1.8),电解池中氨氮的降解效率显著提高,微生物电解池能反作用于微生物燃料电池,使其对COD的去除效果增强。目前,MFC耦合其他技术,如厌氧硝化过程、好氧反应器、人工湿地、序批式间歇反应器(MBR)和电芬顿技术已经成为了MFC的前沿性课题[148-150],为MFC的实际应用提供了理论依据,拓宽了其应用价值。

然而,目前尚未见到燃料电池与电解池耦合处理页岩气压裂返排废水以及油基泥浆的研究报道,这是由于电解池需要更高的能源进行驱动(1.8~2.0 V),因而有必要提高MFC的性能,并优化电解池的运行效率。

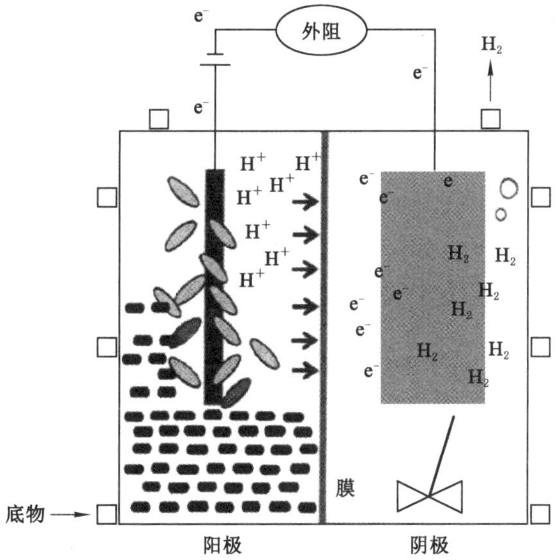

图 1.7　微生物电解池反应装置[145]

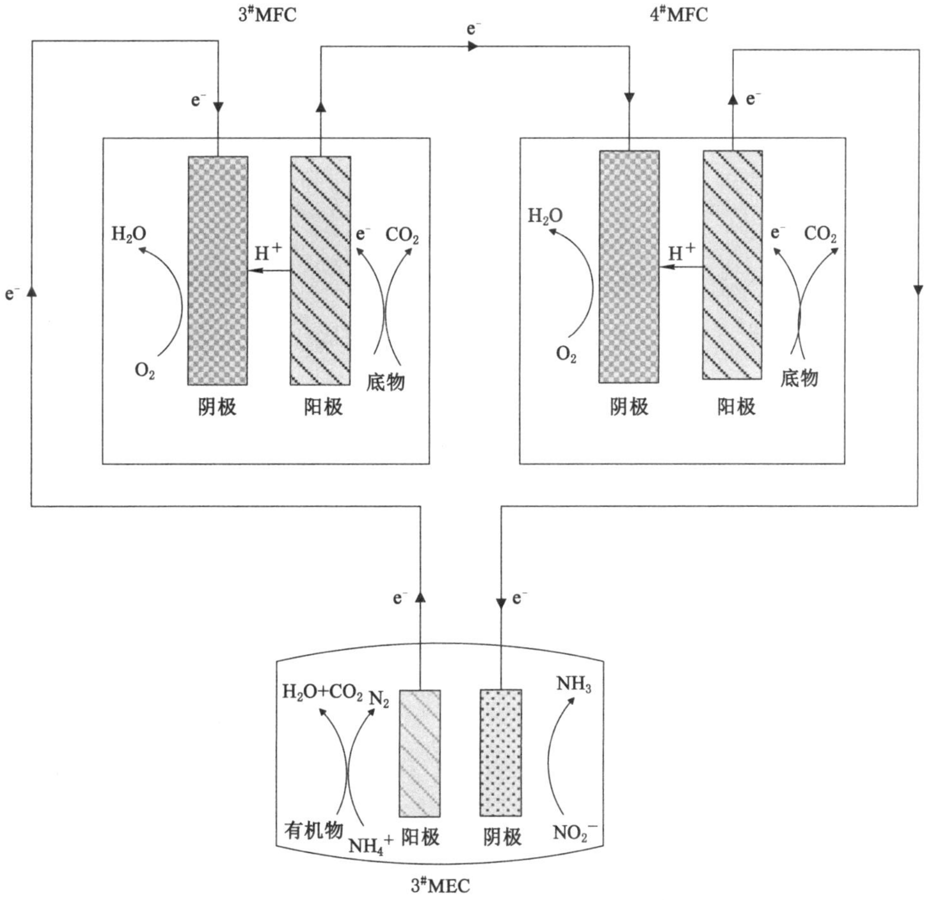

图 1.8　MFC 串联后耦合 MEC 示意图[147]

第 2 章　电催化氧化处理页岩气返排废水

2.1　Ni-Mo-P 稀土元素电极的制备工艺

本实验采用的泡沫镍由苏州某新材料有限公司提供。首先，将泡沫镍裁剪为 2 cm×3.2 cm 大小的样品，其有效工作面积为 2 cm×3 cm，在沉积之前分别通过 400 目和 800 目的金相砂纸打磨镍片至表面光滑；然后，依次采用丙酮、乙醇和 3M 的盐酸进行超声处理 30 min，该步骤重复 3 次，以充分去除表面的油渍和氧化物；最后，用蒸馏水冲洗，放入 60 ℃干燥箱过夜，烘干备用。处理后的裸泡沫镍基板具有 3D 多孔性以及交联网格结构，可以为离子运输提供宽广的电解质通道[151]。在两电极体系下通过直流电沉积法制备 Ni-Mo-P 电极（直流电源型号为艾德克斯有限公司生产的 IT 6863A），同等大小的泡沫镍被用作工作电极和对电极，电极间距始终保持为 15 mm，沉积时间为 60 min，使用蒸馏水对沉积完成后的电极表面进行冲洗，随后立即在 80 ℃条件下真空热处理 2 h。电解液的制备配方为：30 g/L $NiSO_4 \cdot 6H_2O$；33 g/L $(NH_4)_6MO_7O_{24} \cdot 4H_2O$；32 g/L $NaHPO_2 \cdot H_2O$；70 g/L $Na_3C_6H_5O_7 \cdot 2H_2O$；NaCl 20 g/L 物质的量的比和 7～9 g/L60％的聚四氟乙烯。添加的总稀土元素（轻稀土元素和重稀土元素）与$NiSO_4 \cdot 6H_2O$ 的物质的量的比为 1∶100，其中轻、重稀土元素掺杂后的电极按照物质的量的比 1∶0、8∶2、6∶4、4∶6、2∶8 和 0∶1，分别标记为 Yb、Yb∶Nd＝8∶2、Yb∶Nd＝6∶4、Yb∶Nd＝4∶6、Yb∶Nd＝2∶8 和 Nd。在电化学沉积后，将所制备材料多次水洗，60 ℃真空条件下干燥 12 h。将沉积后的电极质量减去基底的质量就可以得到电沉积的质量。

2.2　Yb-Nd 修饰 Ni-Mo-P 电极的制备及性能表征

2.2.1　制备条件对 Ni-Mo-P 结构的影响

2.2.1.1　电流密度对 Ni-Mo-P 电极结构和稳定性的影响

图 2.1 所示为不同电流密度下制备的 Ni-Mo-P 合金电极的 XRD。由图 2.1 可知，2θ 在 44.8°、52.2°和 76.8°附近的衍射尖峰分别对应于 Ni 的(111)、(201)和(221)晶面，并未出

现 Mo 和 P 的衍射峰，说明两者不是单独存在的，而是和 Ni 以混合的形态存在，这与之前的研究结论相一致[51]。根据德拜-谢乐公式计算(扣除背景等因素影响)可知，在 10 mA/cm^2、20 mA/cm^2、40 mA/cm^2 和 60 mA/cm^2 条件下的平均晶粒尺寸分别为 71.2 nm、61.1 nm、56.4 nm 和 40.2 nm，这与通过脉冲电沉积法制备的 Ni-Mo-P 电极平均晶粒尺寸(40～70 nm)接近。同时，在电流密度为 20 mA/cm^2 和 40 mA/cm^2 时可以看到明显的宽化峰，这是因为磷原子的晶格畸变致使制备的 Ni-Mo-P 薄膜具有明显的非晶性质[51]。

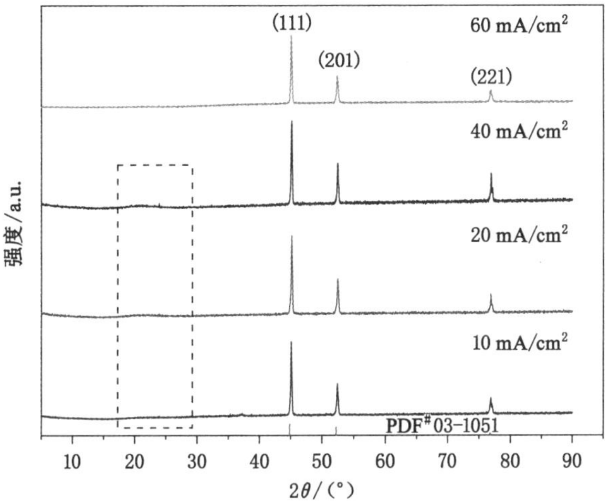

图 2.1　不同电流密度下制备的 Ni-Mo-P 电极的 XRD

不同电流密度下 Ni-Mo-P 电极的 SEM 如图 2.2(a)～图 2.2(f)所示。当电流密度从 10 mA/cm^2 增加到 40 mA/cm^2 时，镀层表面的微观结构裂缝和扁平的半球晶结构越发明显，这是因为在一定的电流密度范围内，随着电流密度的升高，高应力导致表面的气孔和凸起增加，有利于形成具有层次结构和高比表面积的 Ni-Mo-P 合金。而电流密度为 60 mA/cm^2 的 Ni-Mo-P 合金 SEM[图 2.2(g)和图 2.2(h)]表明，裂隙被完全堵塞，这是因为当电流密度过高时，易造成活性层表面粗糙和晶粒排列杂乱。在 40 mA/cm^2 下的 EDS 表明，Ni、Mo 和 P 元素均存在于电极表面，Mo 元素的比例相较之前研究制备的 Ni-Mo-P 电极更低[51]，这将有助于光滑和少裂隙结构的形成。

40 mA/cm^2 直流电沉积制备的 Ni-Mo-P 电极高分辨率 XPS 如图 2.3 所示。全谱图[图 2.3(a)]再次说明，Ni、Mo 和 P 元素成功沉积在电极表面，O 1s 的存在主要是膜表面被空气氧化所致。由图 2.3(b)可知，Ni 2p 的反卷积峰共 7 个，在 852.1 eV 和 855.5 eV 的自旋轨道偶极子信号分别归属于 2$p_{3/2}$ Ni^{2+}[152]，说明存在 Ni—P 键因暴露于空气生成了氧化镍[153]。Ni(Ⅱ)氧化态所对应的卫星峰分别在 861.5 eV 和 879.4 eV 处[153]，而873.4 eV 和 876.6 eV 属于 Ni 2$p_{1/2}$[51,154]。Mo 3d 的谱图如图 2.3(c)所示，可以分为234.9 eV 和 230.0 eV 两个主峰，均对应为 Mo^{d+}—P ($0<d<4$)或 Mo 3$d_{3/2}$。P 的分峰谱图[图 2.3(d)]表明，在 125.1 eV、129.2 eV、132.4 eV 和 134.4 eV 处可以检测到 4 个反卷积峰，在 129.2 eV 和 125.2 eV 处的偶极子信号归属于 P 2$p_{3/2}$，132.8 eV 的信号归因于磷酸盐，这是因为大气氧化在表面形成，另一个 134.4 eV 处的峰属于 P—O 键。

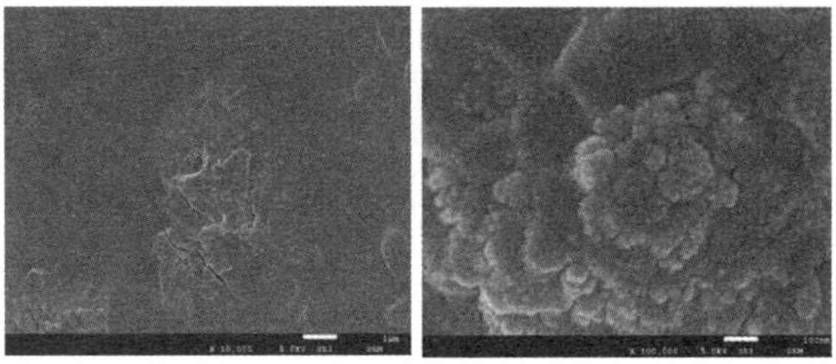

(a) 10 mA/cm^2

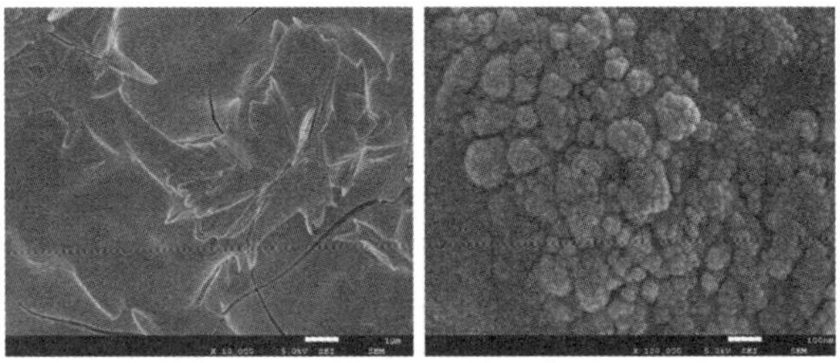

(b) 20 mA/cm^2

(c) 40 mA/cm^2

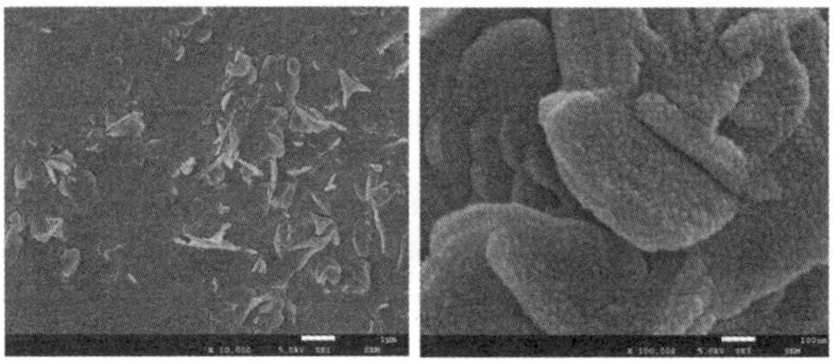

(d) 60 mA/cm^2

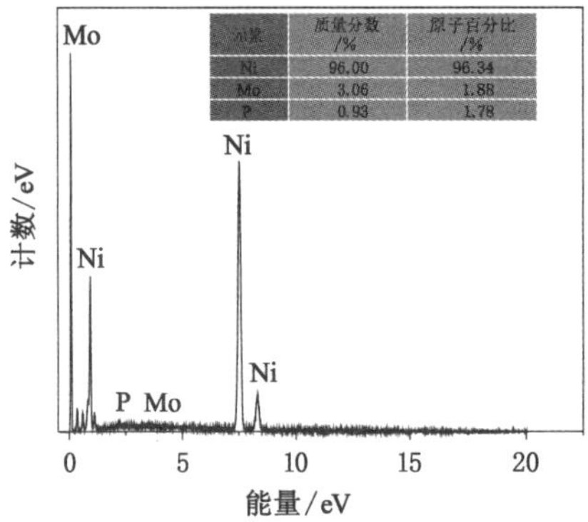

(e) 40 mA/cm^2 下的EDS

图 2.2　不同电流密度下 Ni-Mo-P 电极的 SEM

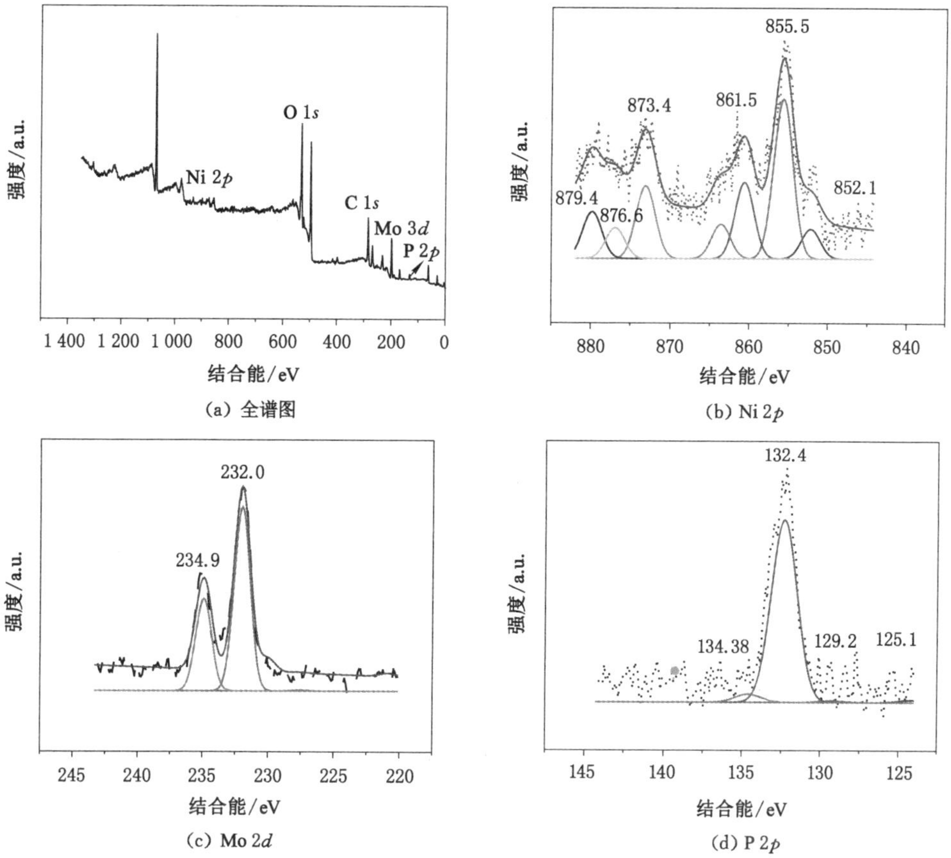

图 2.3　直流电沉积 40 mA/cm² 条件下 Ni-Mo-P 电极的 XPS

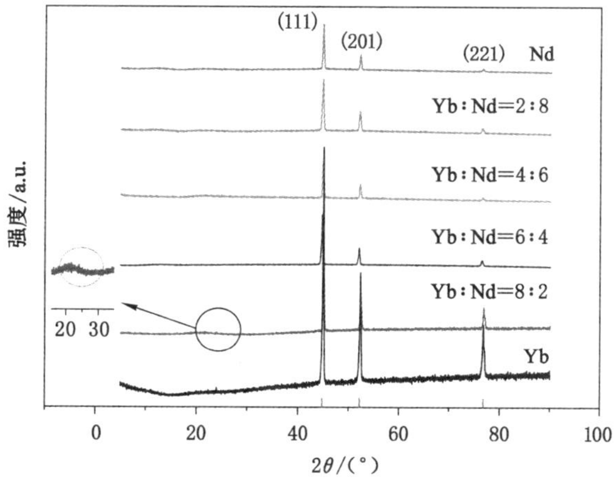

图 2.4　直流电沉积 Yb 和 Nd 掺杂 Ni-Mo-P 电极的 XRD

2.2.1.2　Yb 和 Nd 掺杂对 Ni-Mo-P 电极结构和稳定性的影响

不同稀土元素比例掺杂后的 Ni-Mo-P 电极 XRD 如图 2.4 所示。由此可见，在 Yb 和 Nd 物质的量的比为 8∶2 时，衍射峰强度得到明显提高。晶粒尺寸随 Yb 比例减小依次为

32.3 nm、25.8 nm、43.5 nm、25.4 nm、26.9 nm 和 34.1 nm，说明稀土元素能够明显地细化晶粒尺寸。在 Yb 与 Nd 物质的量的比为 8∶2 时，可以看到 2θ 为 22.5°的位置有更为明显的非晶体存在，这是因为稀土元素 Yb 的原子半径较大，在某种程度上引起了镀层的晶格畸变，增强了镀层的非晶性，起到强化组织的作用。研究表明，稀土元素与镀层中的氢能够形成稳定的化合物[155]，减弱了氢脆，从而提高了其耐腐蚀性和稳定性[51]。

掺杂不同比例 Yb 和 Nd 的 Ni-Mo-P 电极 SEM 如图 2.5 所示。由图 2.5 可以看出，引入稀土元素对电极涂层的结构有着显著的影响，尤其在 Yb 与 Nd 物质的量的比为 8∶2 时，薄膜开裂最明显[图 2.5(c)和图 2.5(d)]，这是因为 Yb 和 Nd 的原子半径大，有效增加了涂层的内应力。随着 Nd 含量的增加，表面逐渐光滑，这是因为轻稀土元素对峰的宽化程度影响较小，非晶度降低[156]。在 Yb 和 Nd 物质的量的比为 8∶2 时，电极材料的 EDS[图 2.5(m)]表明，Yb、Nd 都成功地沉积在电极表面上。同时，相对于掺杂前的 Ni-Mo-P 电极而言，P 原子百分比增加至2.02%，而 P 浓度的增加将会促进裂缝结构的出现，进一步提升了镀层的实际表面积[51]。

为了探究直流电沉积条件下 Yb 和 Nd 元素的改性对于材料电子结构的影响，通过研究获得了高分辨率 XPS，如图 2.6 所示。图 2.6(a)的全谱图显示，其主要组成为 Ni $2p$、Mo $3d$、P $2p$、Yb $4d$ 和 Nd $3d$。由图 2.6(b)可以看出，Ni $2p$ 反卷积为 6 个峰。值得一提的是，该谱图在 852.4 eV 处的峰可能为单质金属镍的特征峰，是经过稀土元素掺杂后出现的新的低价态，代表着 Ni 周围的电子密度升高。其他结合能位置的反卷积峰与图 2.6(b)的结果一致，表明泡沫镍表面被氧化生成的氧化镍以及 Ni—P 键的存在[152]。Mo $3d$ 的反卷积谱图如图 2.6(c)所示，可以分为 231.9 eV、235.0 eV 和 237.0 eV 等 3 个主要的卷积峰，前两者对应 $Mo^{d+}-P(0<d<4)$ 或 Mo $3d_{3/2}$，后者标志着的 Mo 的氧化物 Mo—O(Mo $3d_{3/2}$)的存在。P 的分峰谱图[图 2.6(d)]表明，同样可以拟合出 4 个反卷积峰，其对应的 P 的氧化态结构同稀土元素掺杂前一致。在 Yb 的分峰谱图[图 2.6(e)]中，以 182.3 eV、187.1 eV 和 189.9 eV 为中心的峰归属于 Yb $4d_{5/2}$，自旋轨道能级可以被拟合为 198.3 eV、199.6 eV 和 200.5 eV 等3 个峰，被指定为 Yb $4d_{3/2}$，这意味 Yb 稳定在+3 价电荷状态，表明 Yb $4d$ 结合能主要以 Yb_2O_3的形式存在[24]。Nd $3d$ 的 XPS 反卷积在图 2.6(f)中展示出 3 个峰，其中 984.8 eV 处的峰属于 Nd $3d_{5/2}$组分[157]，而位于 1 000.2 eV 和 1 008.6 eV 处的峰属于 Nd $3d_{3/2}$，这些峰主要与 Nd_2O_3有关[158]。

2.2.1.3 循环伏安次数对 Ni-Mo-P 电极结构和稳定性的影响

不同循环次数电沉积时的循环伏安曲线如图 2.7 所示。在扫描 10 圈和 20 圈时[图 2.7(a)和图 2.7(b)]，氧化峰电流不断增强，代表不断有物质沉积在其表面。而当沉积超过 20 圈时，氧化峰电位明显右移且电流没有明显提升，表明电极沉积反应更难发生或沉积速率减缓，沉积的活性位点可能被覆盖。

不同循环伏安次数下制备电极的 XRD 如图 2.8 所示。可以看出，在循环伏安次数为 20 次或 30 次时，非晶最显著。晶粒尺寸随循环伏安次数增加依次为 31.7 nm、18.3 nm、22.0 nm 和 29.7 nm，表明晶粒的细化程度随着扫描时间的延长呈“先增加、后降低”的趋势，SEM(图 2.9)进一步印证了以上的结论。由图 2.9 可以看出，沉积 40 次后表面基本是大颗粒堆积组成，且胞状结构直径最大，相对于直流电沉积法，其组织结构发生明显变化，析出明显的微晶

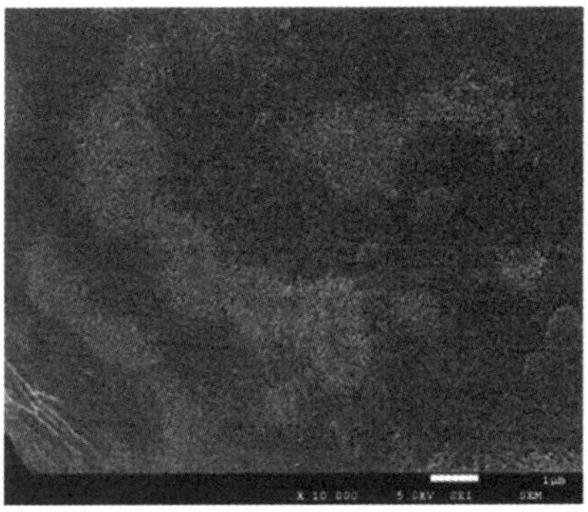

(a) Yb

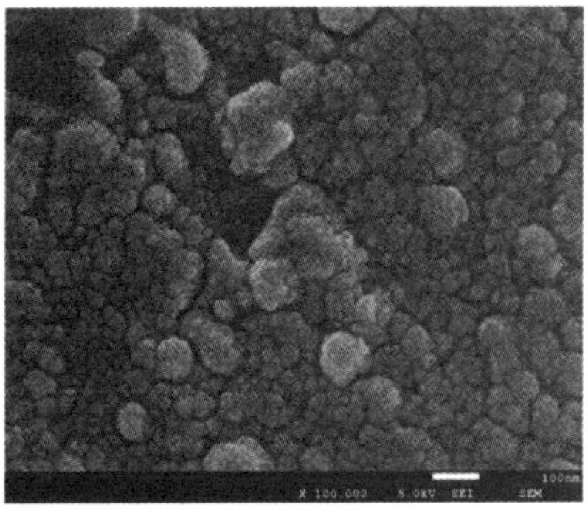

(b) Yb

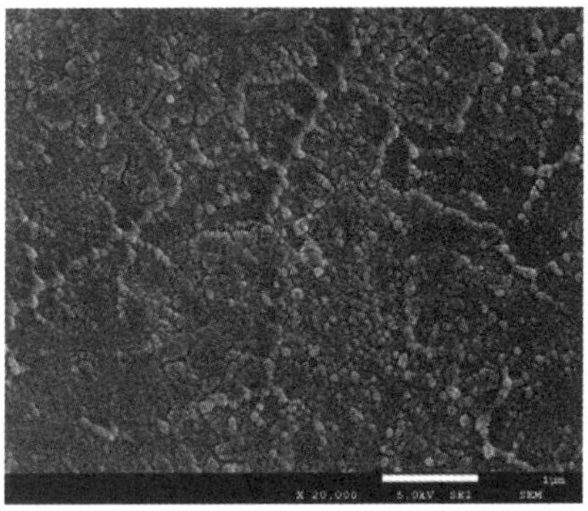

(c) Yb∶Nd=8∶2

(d) Yb∶Nd=8∶2

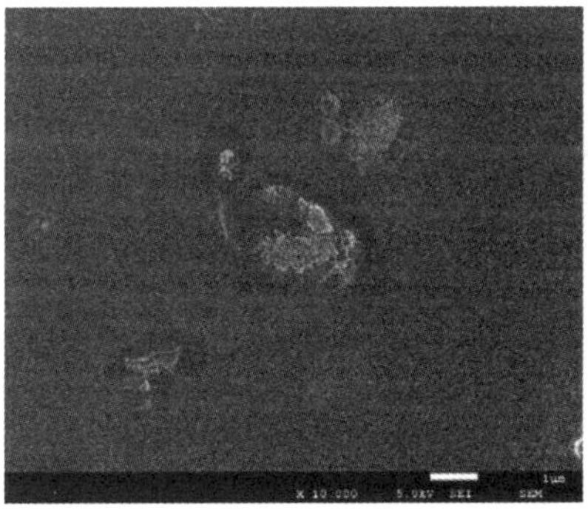

(e) Yb∶Nd=6∶4

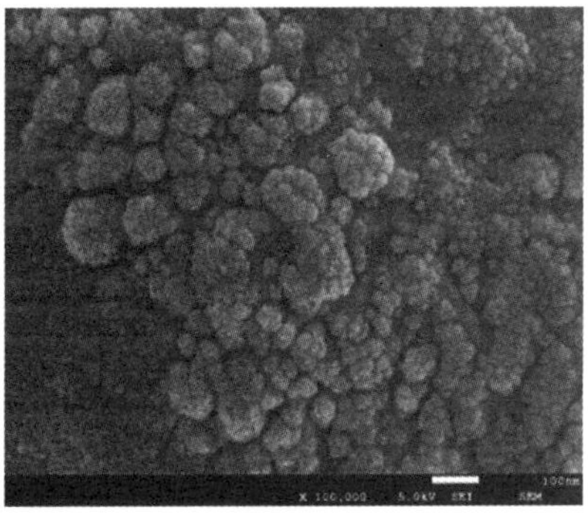

(f) Yb∶Nd=6∶4

(g) Yb∶Nd=4∶6

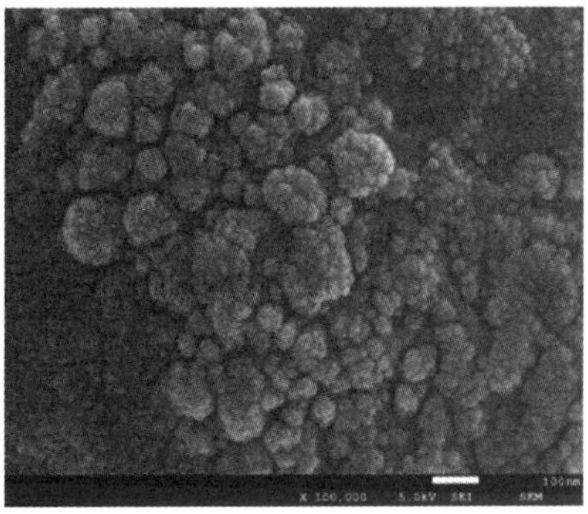

(h) Yb∶Nd=4∶6

图 2.5　不同轻重稀土元素比例下的 SEM

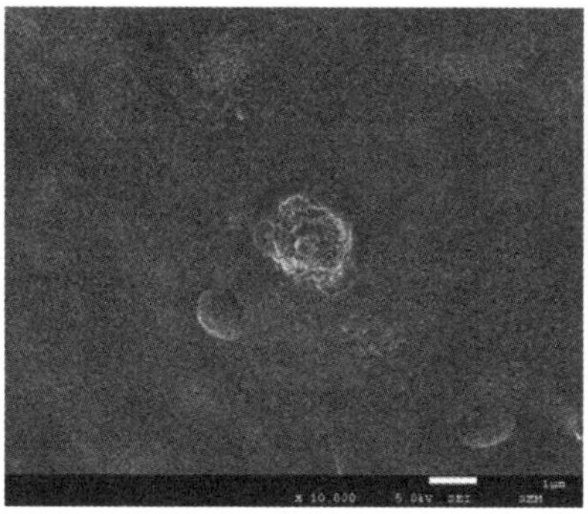

(i) Yb∶Nd=2:8

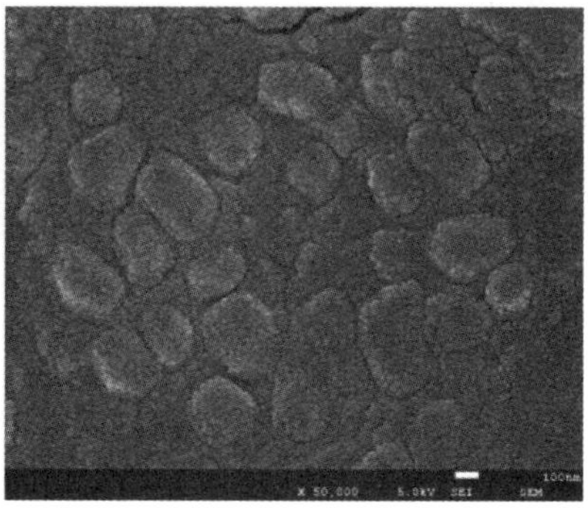

(j) Yb∶Nd=2:8

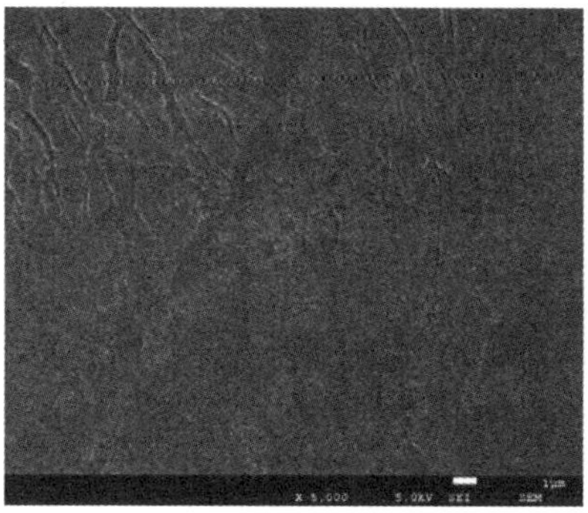

(k) Nd

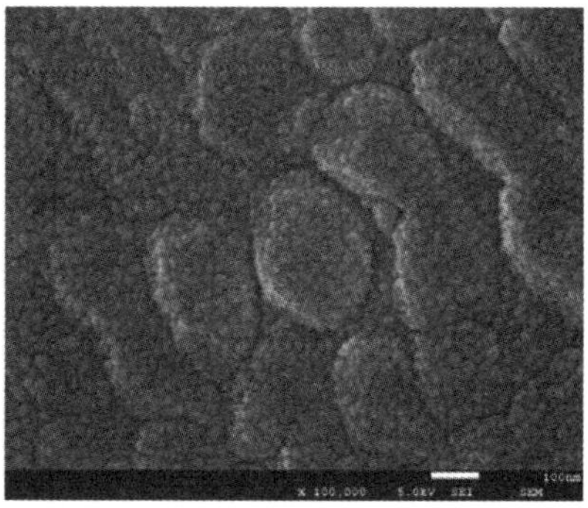

(l) Nd

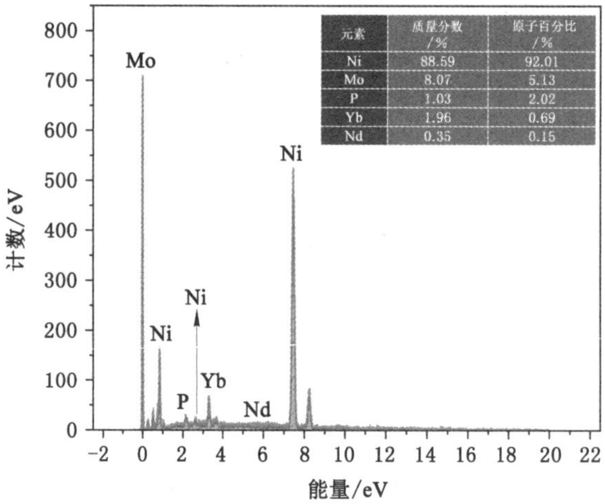

(m) Yb∶Nd=8∶2的EDS

图 2.5 （续）

结构，这种析出物可能是 Ni_3P 和 Ni 的微晶，其会增强镀层的塑性变形时滑动面的阻力，从而提高硬度。20 次循环伏安条件下制备的电极的 EDS[图 2.9(i)]表明，P 和稀土 Yb、Nd 浓度相对于直流电沉积法明显增加，进一步解释了晶粒细化及非晶化程度增加的原因。

为进一步确定涂层结构，对 20 次循环伏安法制备的 Ni-Mo-P 掺杂稀土元素比为 8∶2 的电极[命名为：Ni-Mo-P-Yb8-Nd2(CVD)]进行透射电镜(TEM)测试。图 2.10(a)证实了均匀致

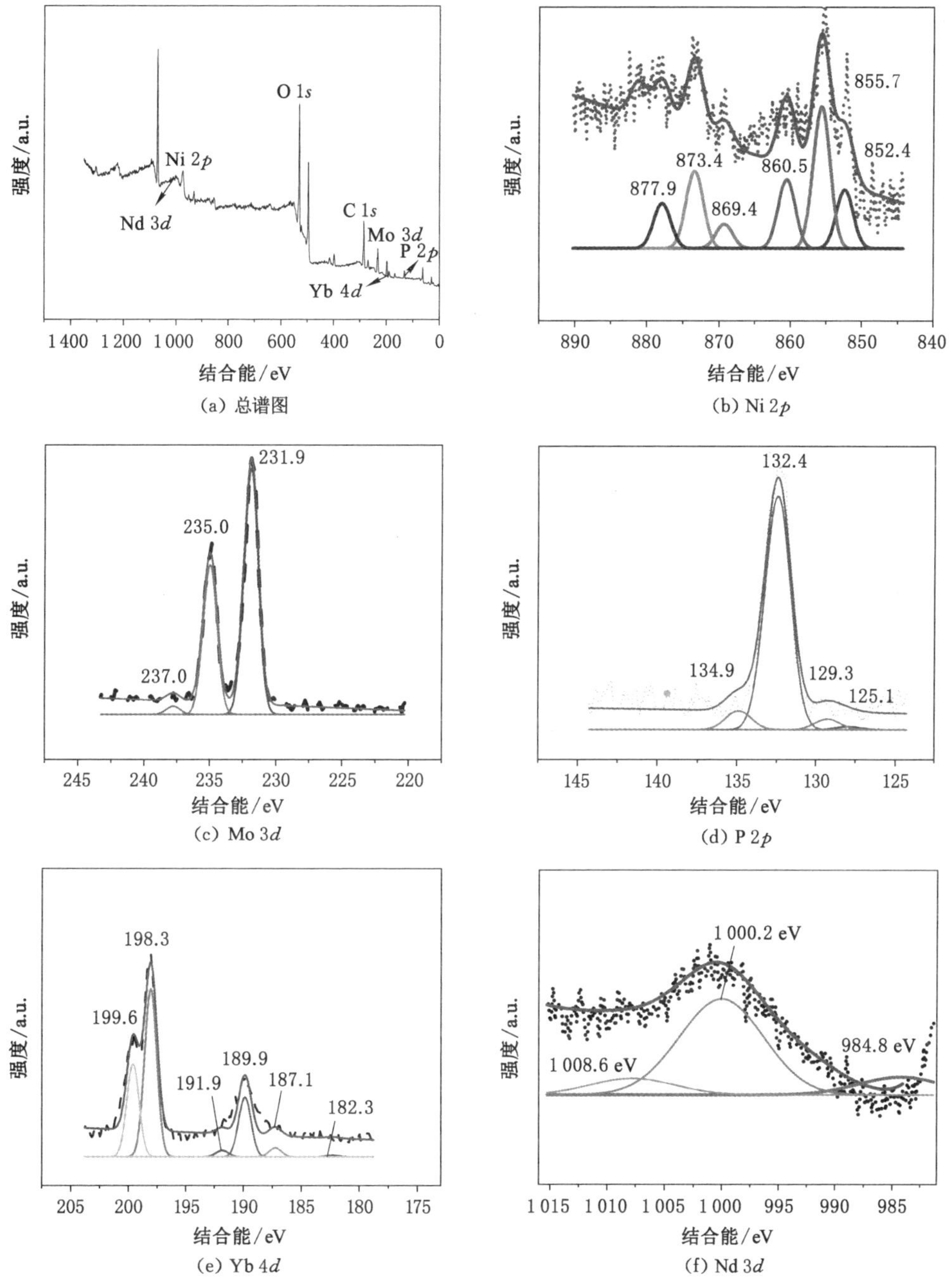

图 2.6　直流电沉积条件下稀土元素为 Yb：Nd＝8：2 下的 XPS

密的结晶 Ni 衬底边缘具有非晶态结构，这将显著提高电催化活性[158-159]。在 HRTEM［图 2.10(b)］中未发现明显的晶格条纹，表明纳米晶形貌不规律，这与 SEM 的结果一致。

不同循环伏安次数下制备的 Ni-Mo-P-Yb8-Nd2 电极的 XPS 如图 2.11(a)所示。由图 2.11(a)可以看出，Ni 2*p*、Mo 3*d*、P 2*p*、Yb 4*d* 和 Nd 3*d* 都存在于电极表面。Ni 2*p* 和 Mo 3*d*［图 2.11(b)和图 2.11(c)］的分峰拟合结果表明，峰的位置、数量以及不同的氧化态

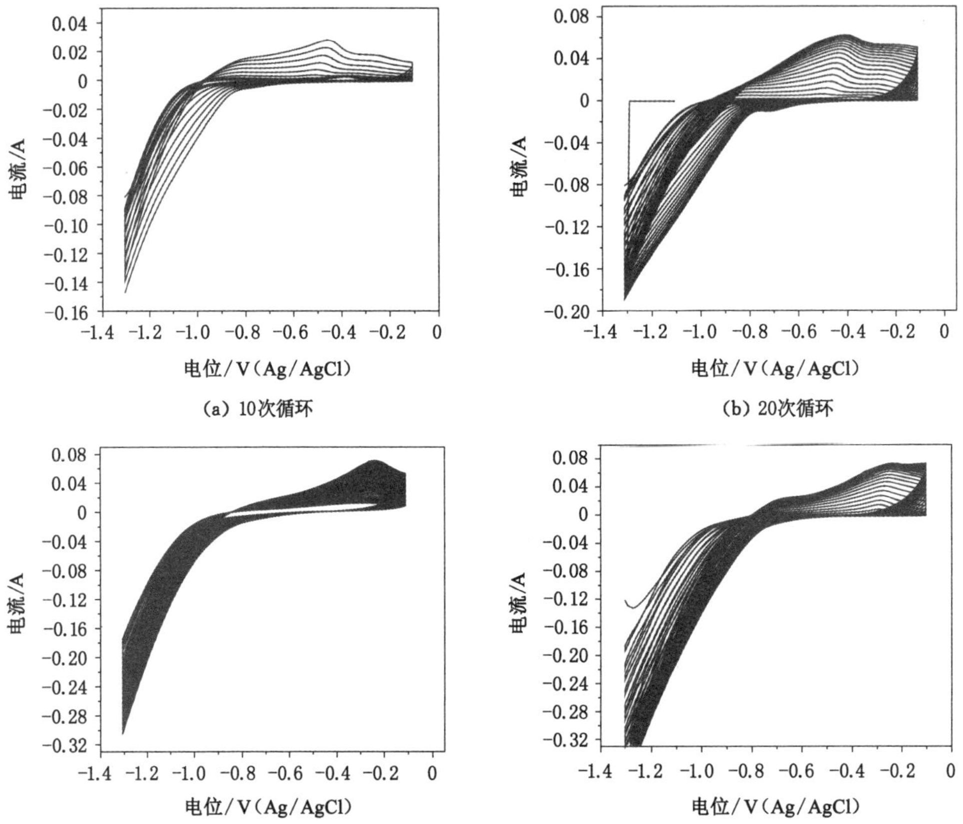

图 2.7 循环伏安法制备的 Ni-Mo-P-Yb8-Nd2 电极

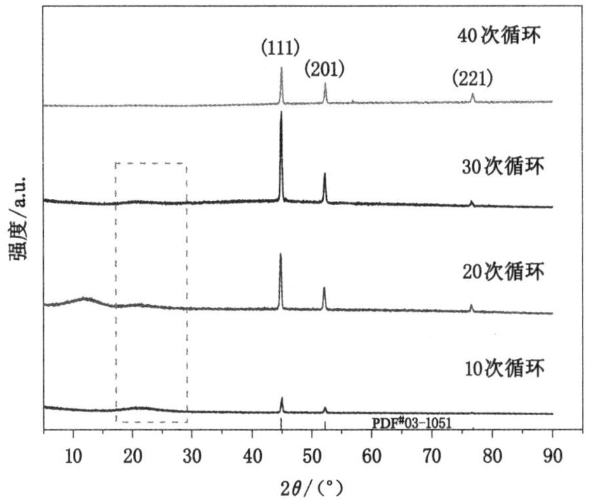

图 2.8 不同循环次数下制备的 Ni-Mo-P 掺杂稀土元素 (Yb : Nd=8 : 2)电极的 XRD

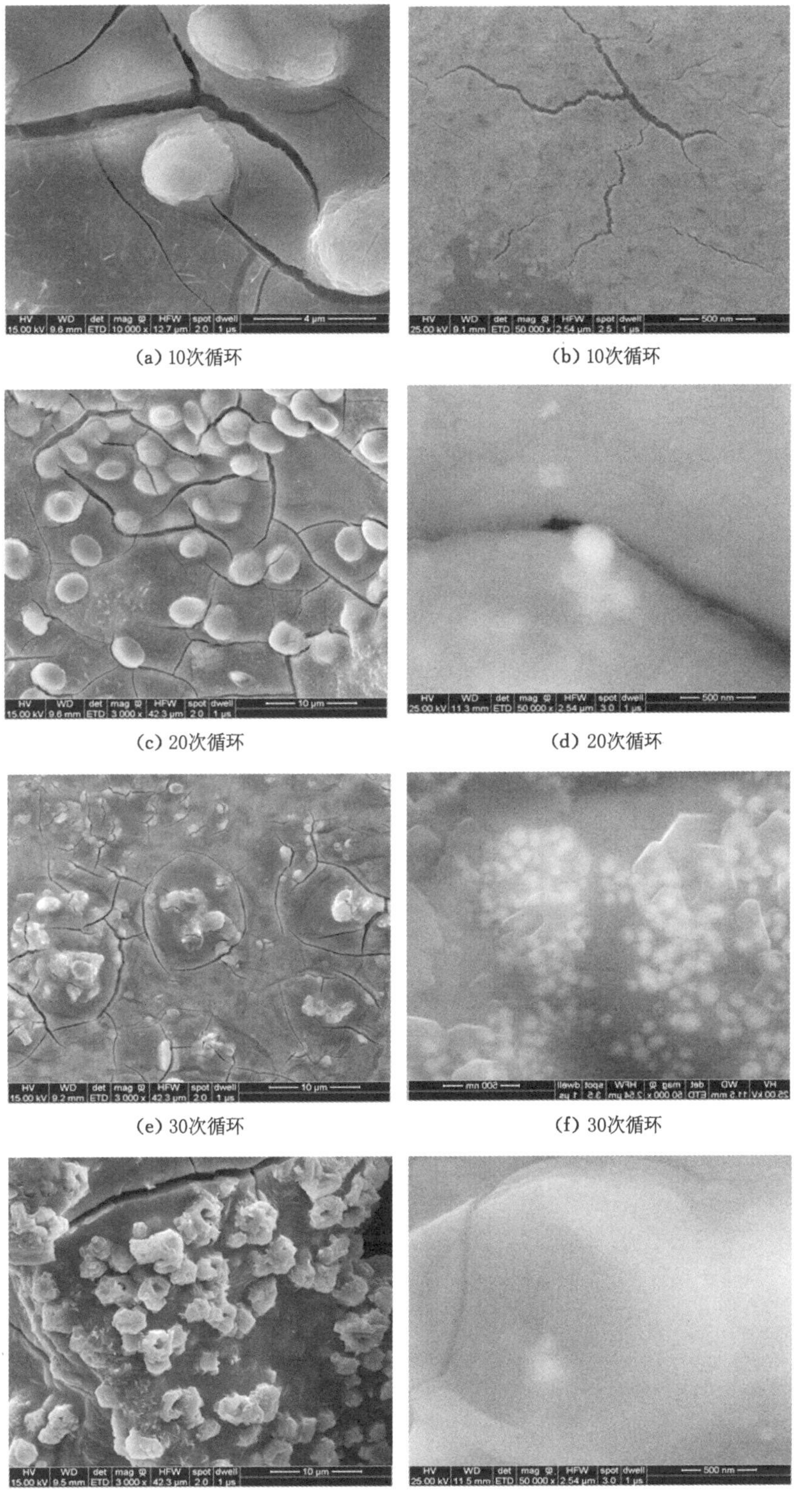

(a) 10次循环　(b) 10次循环

(c) 20次循环　(d) 20次循环

(e) 30次循环　(f) 30次循环

(g) 40次循环　(h) 40次循环

图 2.9　不同循环伏安次数电沉积电极的 SEM

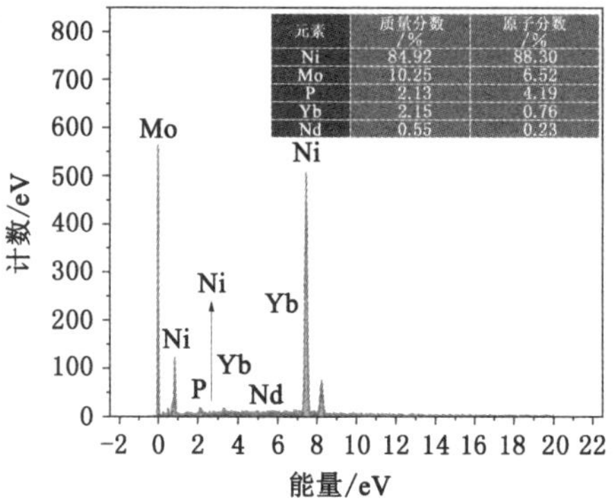

(i) 20次循环条件下的EDS

图 2.9 (续)

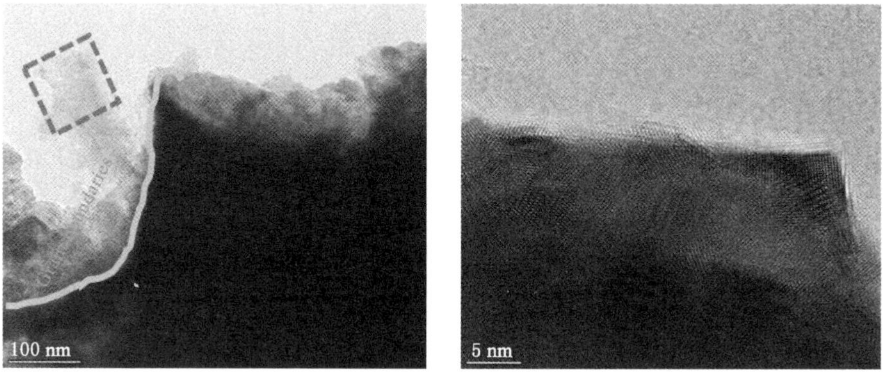

(a) 透射　　(b) 高分辨透射

图 2.10 Ni-Mo-P-Yb8-Nd2 (CVD)电极的 SEM

占比基本与采用直流电沉积法得到的结果一致，在此不再赘述。P $2p$ 的反卷积谱图[图 2.11(d)]显示有 5 个峰，在 128.2 eV 处的峰可以分配给 $P^{\delta-}$ 键，除了和图 2.6(d)具有相同位置的 125.1 eV 的卷积峰外，其余 3 个峰结合能位置相对于直流电沉积法均向左发生了偏移，反映出在较低的结合能位置就可以出现相似的键或表面物种[160]。Yb $4d$ 的 XPS 如图 2.11(e)所示，在 182.4 eV 和 189.4 eV 处的峰均归属于 Yb^{2+} 的 Yb $4d_{5/2}$[161]，在 185.3 eV 处的反卷积峰是 Yb^{3+} 的Yb $4d_{3/2}$，在 192.0 eV 处的峰值同样是 Yb^{3+} 的价态[162]，能带(BEs)在 197.2 eV 处的峰属于Yb_2O_3，其相对于直流电沉积法的能带宽度(峰面积)明显减小，同时与 Yb^{2+} 相关的能带强度占比增加了约为 35%，说明在循环伏安电沉积过程中 Yb^{3+} 发生的还原作用更强。Nd 的高分辨 XPS 分峰谱图相对于图 2.6(f)增加了 2 个，其中在 980.3 eV 处的峰属于Nd $3d_{5/2}$，在 996.6 eV 和 1 000.5 eV 处的峰均对应于 Nd $3d_{3/2}$ 轨道[157-158,163]，而在 976.4 eV 和1 003.5 eV 处的峰代表着 Nd^0 $3d_{5/2}$和 Nd^0 $3d_{3/2}$轨道，标志零价 Nd 的存在[164]，表明 Nd 在循环伏安电沉积条件下化学状态发生了改变。由上述 XPS 的结果可知，Ni-Mo-P 表面成功掺杂稀土元素 Yb 和 Nd，且在循环伏安电沉积制备下的电极元素具有更为丰富的价态，这有利于发生丰富的氧化还原反应。

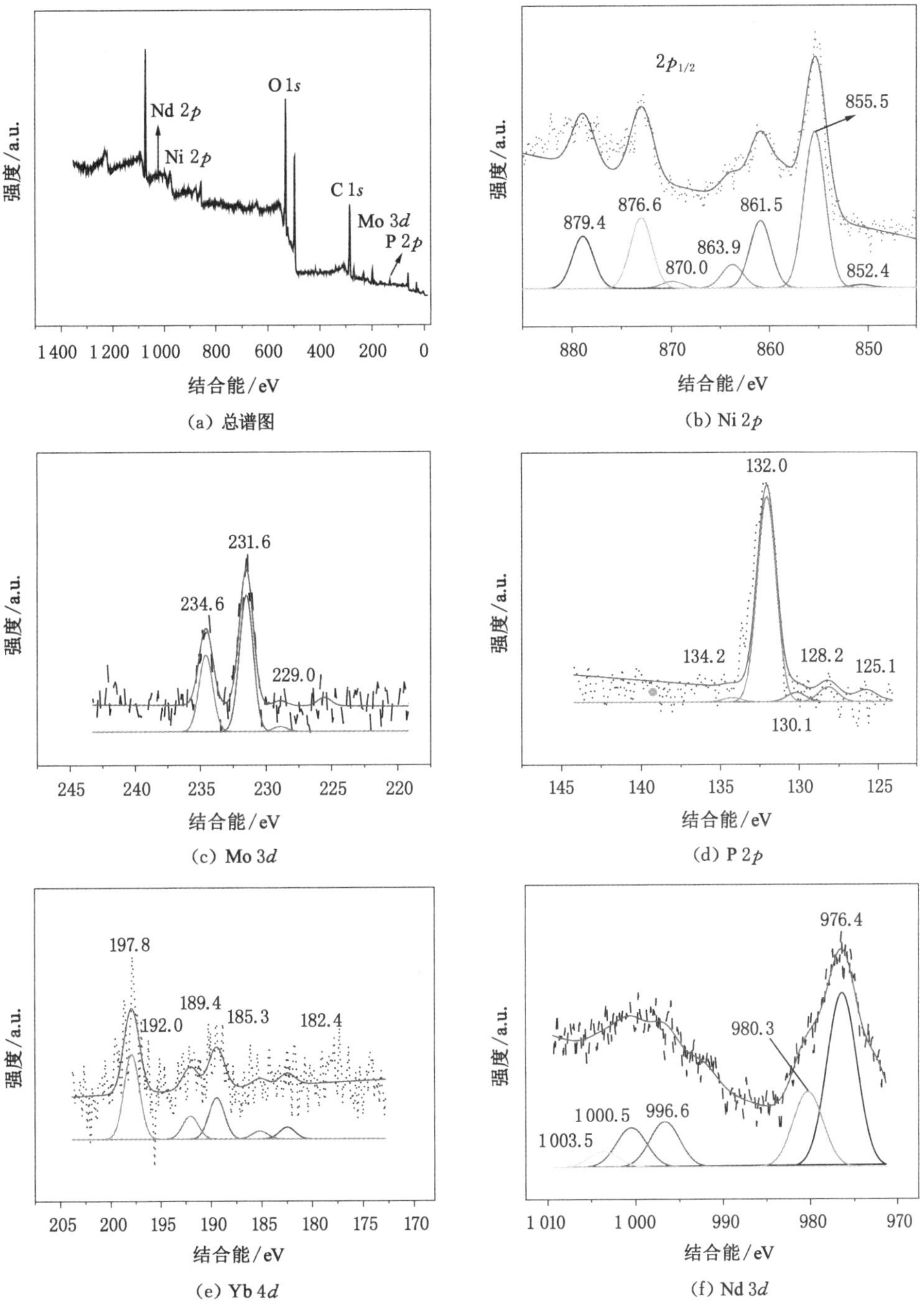

(a) 总谱图　(b) Ni 2p

(c) Mo 3d　(d) P 2p

(e) Yb 4d　(f) Nd 3d

图 2.11　20 次循环伏安条件下 Ni-Mo-P-Yb8-Nd2 的高分辨 XPS

2.2.2　Ni-Mo-P 电极的电化学性能研究

2.2.2.1　电流密度对 Ni-Mo-P 电极电化学性能的影响

不同电流密度下制备的 Ni-Mo-P 电极的线性伏安曲线(LSV)如图 2.12(a)所示。由

图 2.12(a)可以看出，析氢活性随着电流密度的增加呈“先增加、后减小”的趋势。在电流密度为 40 mA/cm^2 条件下，析氢电位仅为 384 mV，因为随着电流密度的增加(<40 mA/cm^2)，制备的 Ni-Mo-P 氢气析出速度加快，从而有利于合金的沉积。

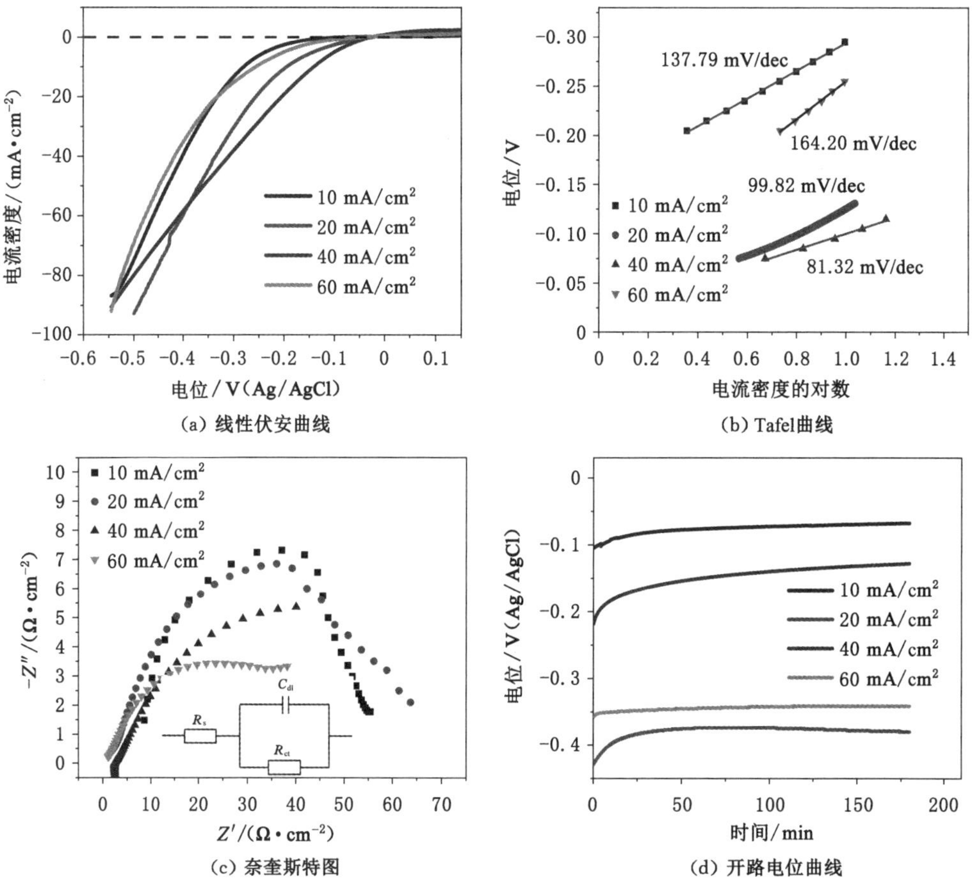

(a) 线性伏安曲线　(b) Tafel曲线　(c) 奈奎斯特图　(d) 开路电位曲线

图 2.12　不同电流密度条件下制备的 Ni-Mo-P 电极电化学表征

Tafel 斜率反映了析氢反应的动力学特征。由图 2.12(b)可以看出，40 mA/cm^2 下的 Tafel 斜率最小，仅为 81.32 mV/dec，表明其相对于其他电流密度下制备的电极具有更快的析氢反应速率。Tafel 斜率处于 40～120 mV/dec，这符合质子快速转移的 Volmer-Heyrovsky 析氢反应机制[165]，其具体的反应步骤与 Toghraei 等[51]的研究结果一致。

电化学阻抗谱及其对应的拟合等效电路图(EEC)如图 2.12(c)所示，其中 EEC 由电荷转移电阻(R_{ct})并联双电层电容器(C_{dl})再串联溶液电阻(R_s)组成。各元器件所对应的数值如表 2.1 所列。在不同电流密度下 R_{ct} 差异较大，40 mA/cm^2 的 R_{ct} 仅为 19.92 Ω/cm^2，说明表面空隙和裂缝中电荷转移速率最快[166]。

表 2.1　不同电流密度下的奈奎斯特等效电路图拟合的参数值

电流密度/(mA·cm^{-2})	R_{ct}/(Ω·cm^{-2})	R_s/(Ω·cm^{-2})	C_{dl}/(mF·cm^{-2})
10	32.27	13.66	3.50
20	30.05	3.07	7.28
40	19.92	2.67	12.00
60	21.32	2.40	1.40

开路电位曲线(OCPT)是用于评估在实际应用中催化剂电化学稳定性的重要方法[167]，且开路电位越负，电极的热力学稳定性和耐腐蚀越差[168]。由图 2.12(d)可知，20 min 后开路电位基本维持不变，表明 Ni-Mo-P 电极具有较高的稳定性；还可以看出，10 mA/cm^2 和 20 mA/cm^2 下电极开路电位较高，说明此条件下涂层附着力更强[169]，有助于提升电极在高电流密度或高电压条件下的实用性。

2.2.2.2　Yb 和 Nd 摩尔比对 Ni-Mo-P 电极电化学性能的影响

Ni-Mo-P 电极掺杂稀土元素的电化学性能如图 2.13 所示。由图 2.13 的 LSV 曲线表明，稀土掺杂后电化学析氢活性显著提升[图 2.13(a)]，析氢电位仅为 57.5 mV。图 2.13(b)的 Tafel 曲线表明，在稀土元素掺杂比 Yb∶Nd＝8∶2 和 Yb∶Nd＝4∶6 时，

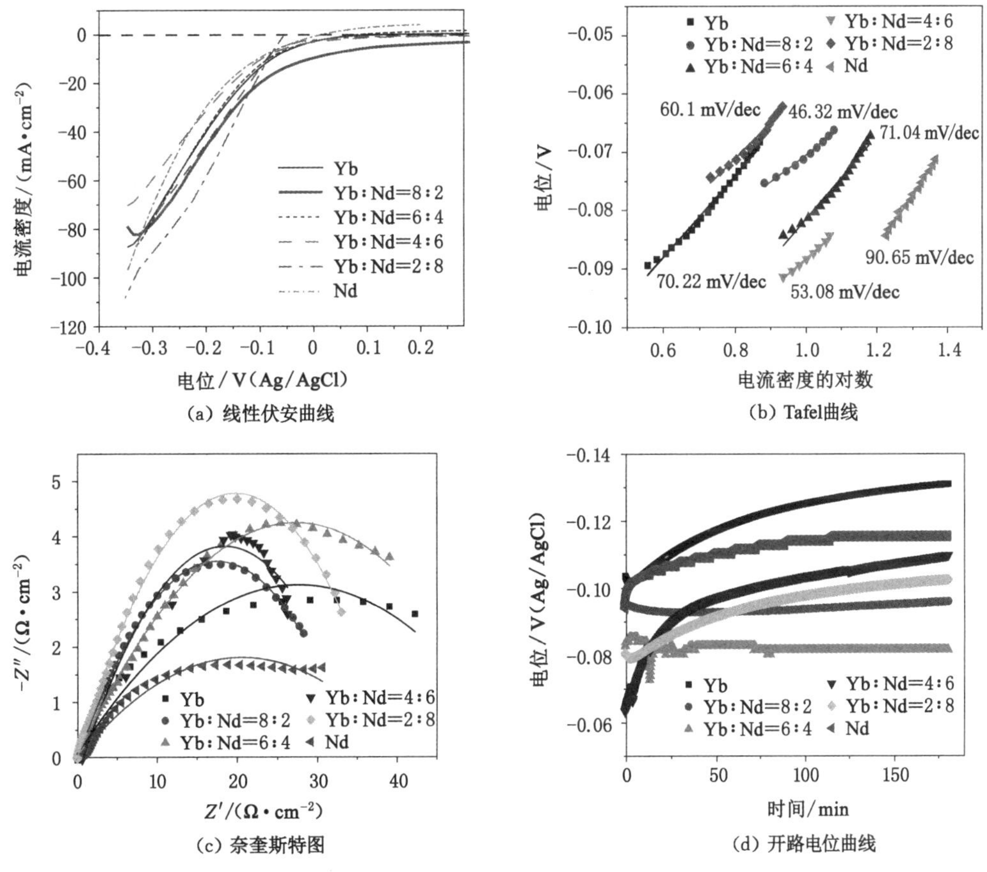

(a) 线性伏安曲线　(b) Tafel曲线

(c) 奈奎斯特图　(d) 开路电位曲线

图 2.13　不同稀土掺杂比例下的电化学性能

Tafel 斜率较其他比例更低，仅为 46.32 mV/dec 和 53.08 mV/dec，但没有改变析氢反应机制。图 2.13(c)展示的奈奎斯特图和掺杂稀土元素前的 Ni-Mo-P 电极均符合同一等效电路图，由表 2.2 可知，当 Yb：Nd＝8：2 时，R_{ct}仅为 15.74 Ω/cm^2，说曲线明加入稀土元素后电荷转移速率和析氢动力学得以提升，这与 Tafel 结果一致。电极表面的粗糙因子和 C_{dl}成正比[170]，当 Yb：Nd＝8：2 时，粗糙因子相对于没有稀土元素改性的Ni-Mo-P 电极增加了 6.67 倍，表明掺杂稀土元素后电极表面的裂隙结构增加，这是因为稀土原子半径较大，固溶于镀层中能够引起较大的晶格畸变，能起到固溶强化作用，因而使镀层硬度和耐磨性有一定的提高。开路电位曲线[图 2.13(d)]表明，电极在 3 h 内仅增加了 21 mV。总体来说，稀土元素的加入提高了电极的电催化性能，且耐蚀性增强，可以在电极应用时进一步降低能耗。

表 2.2　不同稀土元素比例下奈奎斯特图等效电路拟合的参数值

Yb、Nd 掺杂比	R_{ct}/(Ω · cm^{-2})	R_s/(Ω · cm^{-2})	C_{dl}/(mF · cm^{-2})
Yb	19.65	0.31	3.0
Yb：Nd＝8：2	15.74	0.23	80.0
Yb：Nd＝6：4	17.24	0.34	13.3
Yb：Nd＝4：6	18.5	3.0	54.8
Yb：Nd＝2：8	15.77	0.5	17.0
Nd	16.13	1.43	16.7

2.2.2.3　循环伏安法制备 Ni-Mo-P 电极的电化学性能

循环伏安法制备 Ni-Mo-P-Yb8-Nd2 电极的电化学性能分析如图 2.14 所示。由图 2.14(a)的 LSV 曲线可知，20 次循环伏安析氢电位仅为 41.5 mV，且在电流密度为 100 mA/cm^2时，10～40 次所需的过电位依次为－187 mV、－184 mV、－227 mV 和－252 mV，表明析氢反应所需的推力降低；图 2.14(b)中 Tafel 斜率表明，低循环伏安次数为 20 次制备的电极具备更多的催化活性位点，且电催化活性明显没有完全随沉积时的循环

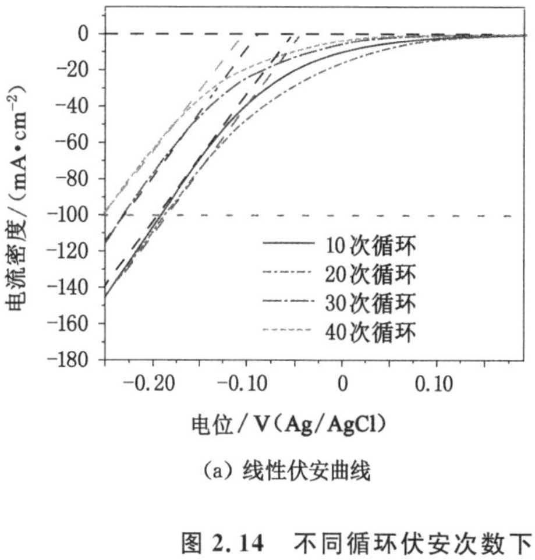

(a) 线性伏安曲线

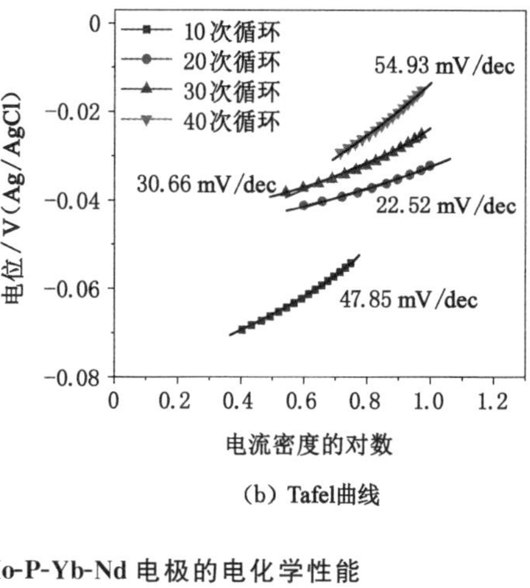

(b) Tafel曲线

图 2.14　不同循环伏安次数下 Ni-Mo-P-Yb-Nd 电极的电化学性能

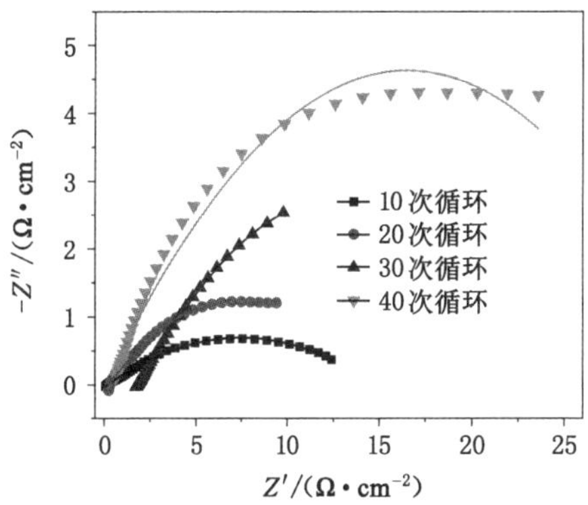

(c) 奈奎斯特图

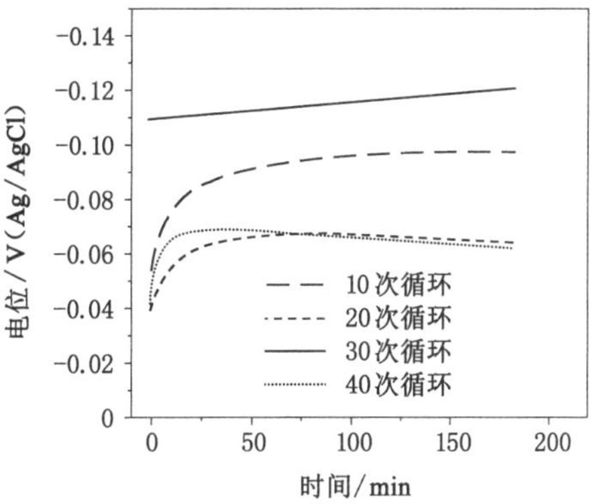

(d) 开路电位曲线

图 2.14 (续)

伏安次数增加而提高，这是因为涂层变厚导致了电解液离子和反应物的运输的距离增加，造成了更大的扩散内阻[171]。由图 2.14(c)及其拟合后的相关数据(表 2.3)可知，R_s 从 10 次循环伏安条件下的 0.3 Ω/cm^2 增加至 20 次循环伏安条件下的 0.47 Ω/cm^2，进一步证实了溶液内阻的增加。图 2.14(d)表明，电极电位在测试 30 min 后没有发生较大波动，体现出电极优异的稳定性和机械坚固性。

表 2.3　不同循环伏安次数下 Ni-Mo-P 电极的奈奎斯特等效电路拟合参数值

循环伏安次数/次	$R_{ct}/(\Omega\cdot cm^{-2})$	$R_s/(\Omega\cdot cm^{-2})$	$C_{dl}/(mF\cdot cm^{-2})$
10	12.4	0.3	6.24
20	11.5	0.47	7.35
30	18.2	1.13	8.10
40	28.3	2.1	2.12

2.2.3　Ni-Mo-P 电极降解废油基泥浆的机制

Ni-Mo-P 电极在 Na_2SO_4、Na_2SO_4 和 OBDS 混合溶液中的循环伏安曲线(CV)如图 2.15 所示。由此可见，所有循环伏安曲线表明电极在混合体系下的曲线积分面积显著增加，表明电催化活性提升；响应电流在 Na_2SO_4＋OBDS 溶液中明显增高，说明电催化过程中可能消耗了大量的自由基，这会加快电极表面溶胶-晶体系统内电子的移动，使反应电流增大。值得注意的是，Ni-Mo-P-Yb8-Nd2(CVD)在硫酸钠＋OBDS 混合体系中，分别在正向和反向循环的－0.54 V 和－0.29 V 处出现了一对不规则且较为明显的氧化还原峰，有可能 OBDS 中某种有机物在此电位下发生了氧化还原反应[172-173]，且氧化峰位置相对于 Ni-Mo-P 以及 Ni-Mo-P-Yb8-Nd2(DC)电极出现了左移，说明反应的难易程度改变了，需要更少的动力(电压)就可以发生反应[174]。由此可以推断，Ni-Mo-P-Yb8-Nd2(CVD)的电催化活性相对于书中的其他电极在 Na_2SO_4＋OBDS 的体系而言最强。

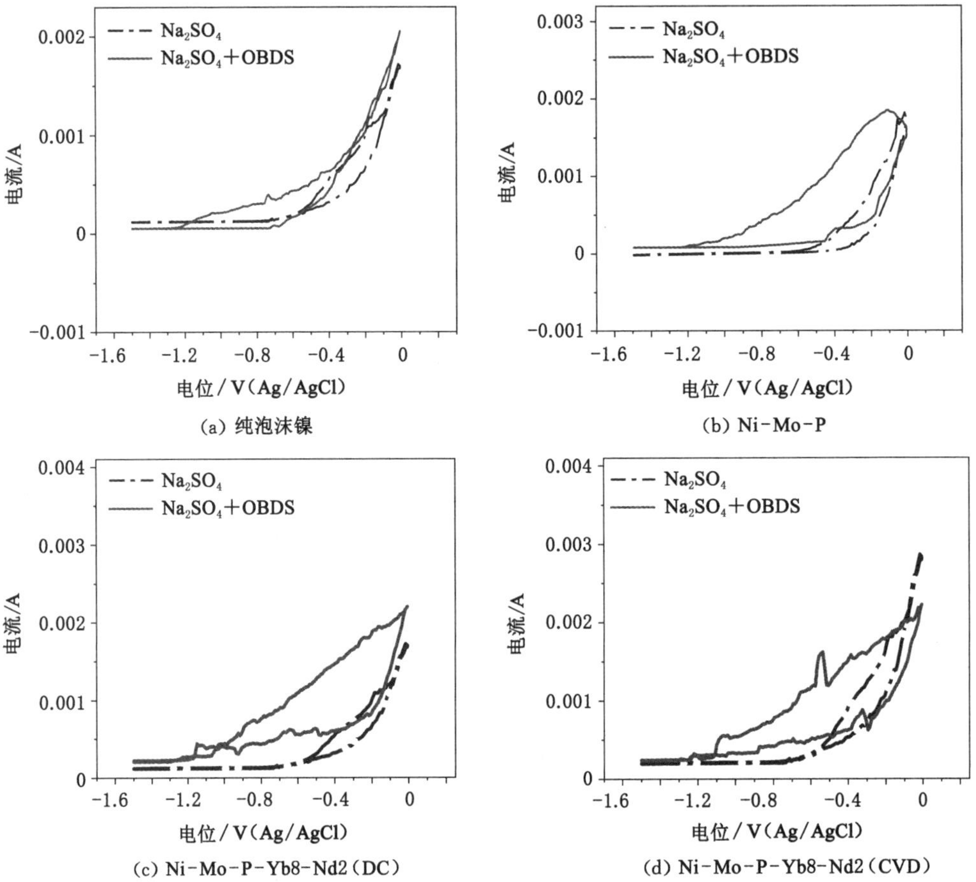

(a) 纯泡沫镍　(b) Ni-Mo-P

(c) Ni-Mo-P-Yb8-Nd2(DC)　(d) Ni-Mo-P-Yb8-Nd2(CVD)

图 2.15　Ni-Mo-P 电极在 Na_2SO_4、Na_2SO_4＋OBDS 混合溶液中的循环伏安曲线

不同条件下制备的 Ni-Mo-P 电极(作为阴极)在电流密度为 20 mA/cm^2 的条件下电催化处理油基泥浆，其 COD 去除效果如图 2.16 所示。由图 2.16 可以看出，裸泡沫镍的去除率仅为19.2%±0.9%，COD 去除率随着电极中稀土元素的加入显著提升，和之前的电化学性能表征趋势一致。由图 2.16(c)可以看出，在 20 次循环伏安电沉积条件下制备的 Ni-Mo-P 电极，240 min 内 COD 去除率可达 85.4%±1.2%。

石油类是表征含油废物去除效率的重要指标之一，石油类和无机氮的去除效果如图 2.17 所示。在 Ni-Mo-P-Yb8-Nd2(CVD)为阴极的条件下，石油类去除率可达到 66.2%±5.9%，相对于普遍常用的催化裂解法，其去除率提升了将近 30%[175]；硝酸盐氮的降解效率普遍高于亚硝酸盐氮的去除率，这是因为硝酸盐氮在阴极表面易被还原为亚硝酸盐氮，且亚硝酸盐氮在低电流密度条件下很难被去除[176]。而较低的氨氮去除率表明，氨氧化反应可能明显受到阳极过电位高和副产物(NO_x 化合物)形成的阻碍，无法轻易转换成氮气等小分子物质。

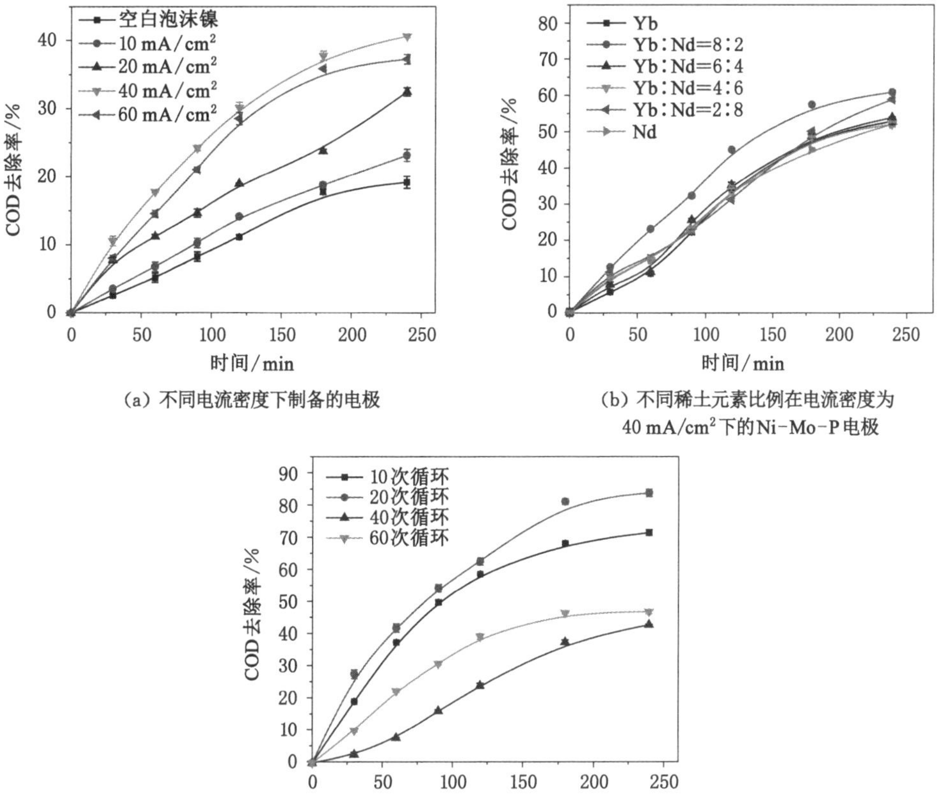

(a) 不同电流密度下制备的电极

(b) 不同稀土元素比例在电流密度为 40 mA/cm² 下的Ni-Mo-P电极

(c) 不同循环伏安次数下制备的Ni-Mo-P电极

图 2.16　COD 去除效率随时间的变化(以Ni-Mo-P 电极为阴极)

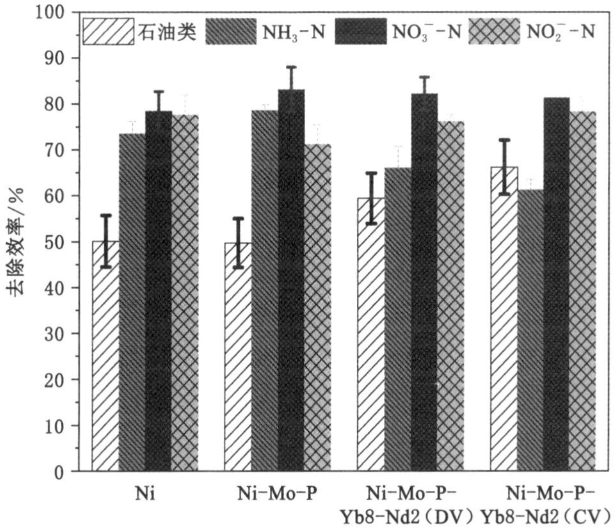

图 2.17　石油类、NH_3-N、NO_3^--N 和 NO_2^--N 在Ni-Mo-P-Yb8-Nd2(CVD)去除率

2.3 废油基泥浆-岩屑基纳米生物炭电极结构特征及其电化学性能

2.3.1 生物炭电极结构特征

废油基泥浆(OBDS)和油基岩屑(OBDC)作为生物炭的前驱体,取自重庆某页岩气钻探井,取回后放置在温度为 4 ℃的恒温冰箱内保存,作为备用。所有原材料经过洗涤和干燥后进行表征。油基泥浆和油基岩屑的 XRD 和 SEM 如图 2.18 所示;基本的元素组成及各元素的含量如表 2.4 所列。

图 2.18(a)通过 XRD 表征了油基泥浆和油基岩屑主要相组成,两者的主要晶体相结构为 SiO_2 和 $BaSO_4$。根据已有的研究成果[77],油基泥浆和岩屑的 FTIR 结果表明,油基泥浆和油基岩屑的官能团主要归属于—OH 拉伸和板内变形振动带[177],以及芳香烃等芳香族化合物。直接烷烃基团(—CH_3、—CH_2 和—CH)的拉伸和变形振动(可能表明脂肪烃的存在),波数最低范围的振动为 Si—O 的振动[178]。油基泥浆和油基岩屑的 SEM 如图 2.18(b)

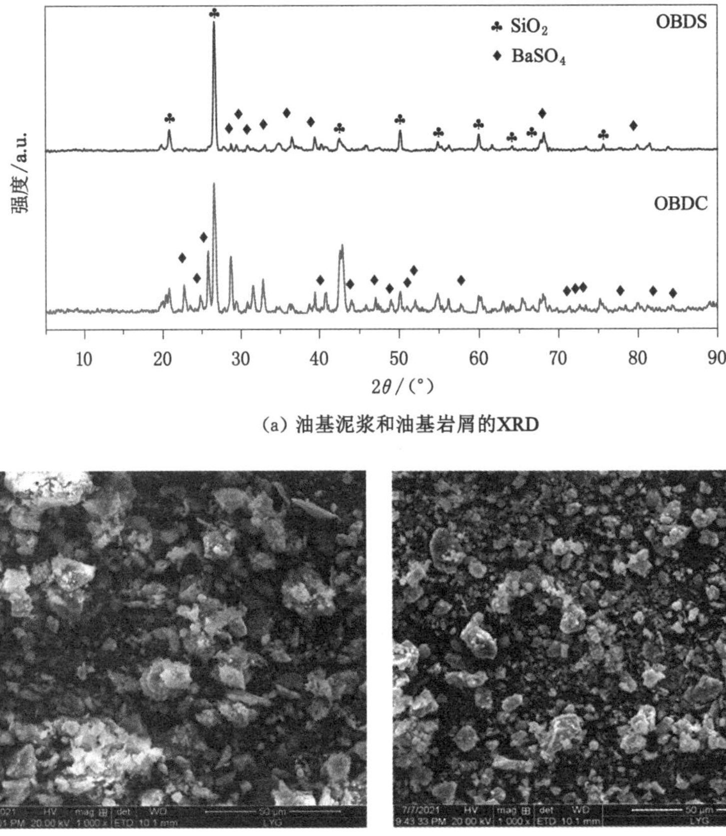

(a) 油基泥浆和油基岩屑的XRD

(b) 油基泥浆的SEM

(c) 油基岩屑的SEM

图 2.18 油基泥浆和油基岩屑的 XRD 和 SEM

所示，其表面粗糙，晶粒结构不规则，白色晶体进一步说明其复杂的晶相组成。通过 EDS 结果(表 2.4)可知，C 和 O 元素是油基泥浆和油基岩屑有机质的重要组成部分。但两者的其他元素类型不同，如 Mg、Cl 和 Fe 等，且油基泥浆中碳元素含量低于油基岩屑。

表 2.4　OBDS 和 OBDC 的 EDS 结果

元素	样品名称			
	OBDS		OBDC	
	$W_t/\%$	$A_{tom}/\%$	$W_t/\%$	$A_{tom}/\%$
C,K	25.28	42.77	42.41	56.56
O,K	34.04	43.23	38.36	38.37
Mg,K	0.63	0.53	—	—
Al,K	1.09	0.82	1.86	0.93
Si,K	3.66	2.65	2.15	1.23
S,K	6.22	3.94	3.85	1.10
Cl,K	1.61	0.92	—	—
Ba,K	2.98	1.51	9.93	1.16
Fe,K	—	—	0.32	0.19
K,K	—	—	1.12	0.46

生物炭的制备采用先炭化后活化的方式进行[61]。油基泥浆和油基岩屑在 105 ℃烘箱中真空干燥 6 h 后，将油基泥浆、油基岩屑以及质量比为 1∶1 的泥浆-岩屑混合物(OBDSC)分别置于管式炉中，在氮气气氛下(流量为 50 mL/min)以 10 ℃/min 的速度加热至 700 ℃，再恒温保温 2 h，随后将样品磨成粉末，用 400 目标准筛筛分，得到小颗粒石油焦。为了进一步从生物质中获得具有理想性能的能源或催化应用的生物炭材料，活化是必要的[179]。将上述 3 个样品与相同质量的氢氧化钾混合充分研磨，在氮气气氛下以 5 ℃/min 的速度加热至400 ℃，在 400 ℃下煅烧 2 h，得到活性炭颗粒；自然冷却至室温后，用 1 mol/L 盐酸洗涤至 pH 值为中性，立即在 90 ℃下真空干燥 12 h，得到黑色生物炭材料。以 OBDS、OBDC 和 OBDSC 为原材料制备的生物炭分别命名为 OS、OC 和 OSC。为了进一步研究酸化对生物炭结构和性能的影响，将 OSC 在1 mol/LHF 溶液中浸泡 24 h，洗涤至 pH 值为中性。

生物炭复合电极的制备流程如下：首先用丙酮、0.1 mol 盐酸、无水乙醇依次对泡沫镍进行预处理；其次将生物炭材料、乙炔黑和聚四氟乙烯溶液(PTFE)按 8∶1∶1 的质量比进行混合，用乙醇充分研磨得到浆料[180]；接着将浆液均匀地涂在泡沫镍上，置于真空干燥箱中 90 ℃下干燥 10 h；最后用压片机压制涂层泡沫镍，使活性物质更好地负载在电极上。生物炭材料和电极的制备过程如图 2.19 所示。

2.3.2　纳米生物炭的结构表征

2.3.2.1　拉曼光谱和 XRD

以油基泥浆、油基岩屑、泥浆-岩屑混合物以及通过 HF 处理后的泥浆-岩屑混合物制备的生物炭分别标记为 OS、OC、OSC 和 OSC-HF，其拉曼光谱如图 2.20(a)所示，在 1 342 cm^{-1}

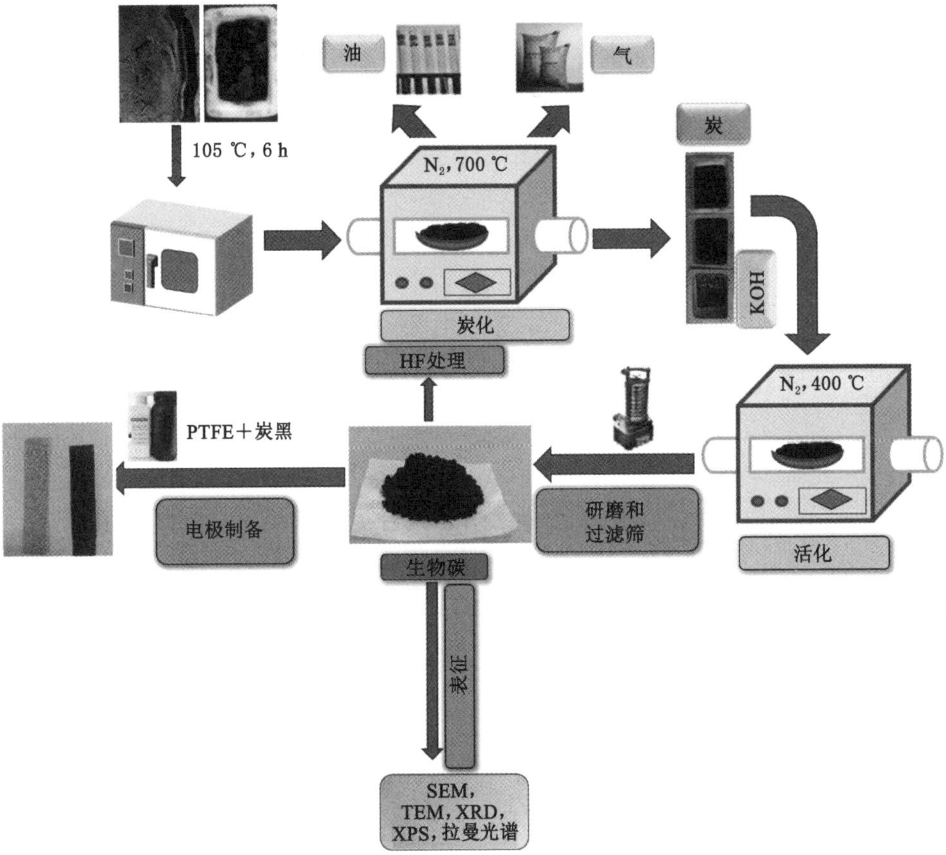

图 2.19　生物炭及电极制备流程图

和 1 610 cm^{-1}处有两个峰，分别被称为 D 波段和 G 波段。可以看出，OC 和 OSC 中的 D 波段最大强度的半带宽明显低于 OS 和 OSC-HF 中的，这是由材料中组分的形貌和晶粒尺寸不同造成的。OS、OC、OSC 和 OSC-HF 的 D 波段与 G 波段的峰面积比（I_D/I_G）分别为 3.18、2.83、2.72 和 2.94。事实上，较低的 I_D/I_G 代表较高的石墨化程度和电导率，这是由于碳原子的 sp^2 杂化方式使碳原子处于较高的还原状态，或者大芳香族环体系的生长受限，从而促进了更高的石墨化程度和电导性[179,181]。另外，烷烃及其他金属氧化物结构不断从泥浆-岩屑混合物中释放，使 OSC 的生物炭结构更加致密[182]。

不同原料制备的生物炭材料的 XRD 如图 2.20(b)所示。在 OS、OC 和 OSC 中，晶态相对应的峰与重晶石-$BaSO_4$（PDF# 76-0213）和石英-SiO_2（PDF# 75-1381）相匹配。由于酸化的影响，OSC-HF 的 XRD 中不存在 SiO_2 的晶相结构。在衍射角为 37.72°时出现了最强烈的衍射峰，证实了大量纳米颗粒 $BaSO_4$ 存在于生物炭中[183]；同时，后文中的其他表征方式（EDS、XPS 等）也证实了这一结论。由谢乐公式计算得到 OS、OC、OSC 和 OSC-HF 的平均晶粒尺寸分别为 49.6 nm、39.6 nm、20.5 nm 和 36.4 nm。晶粒尺寸越小，代表缺陷质量越高，这与晶体内部的压力呈正相关关系[184]，其中小的晶粒尺寸可能会进一步增加材料的比表面积；同时，OBDS 和 OBDC 的混合物作为前驱体有助于生物炭中氧空位以及间隙物种的生成[185]。在 XRD 中没有发现活性炭的相结构，这可能是非晶态炭与其他晶体相结构重

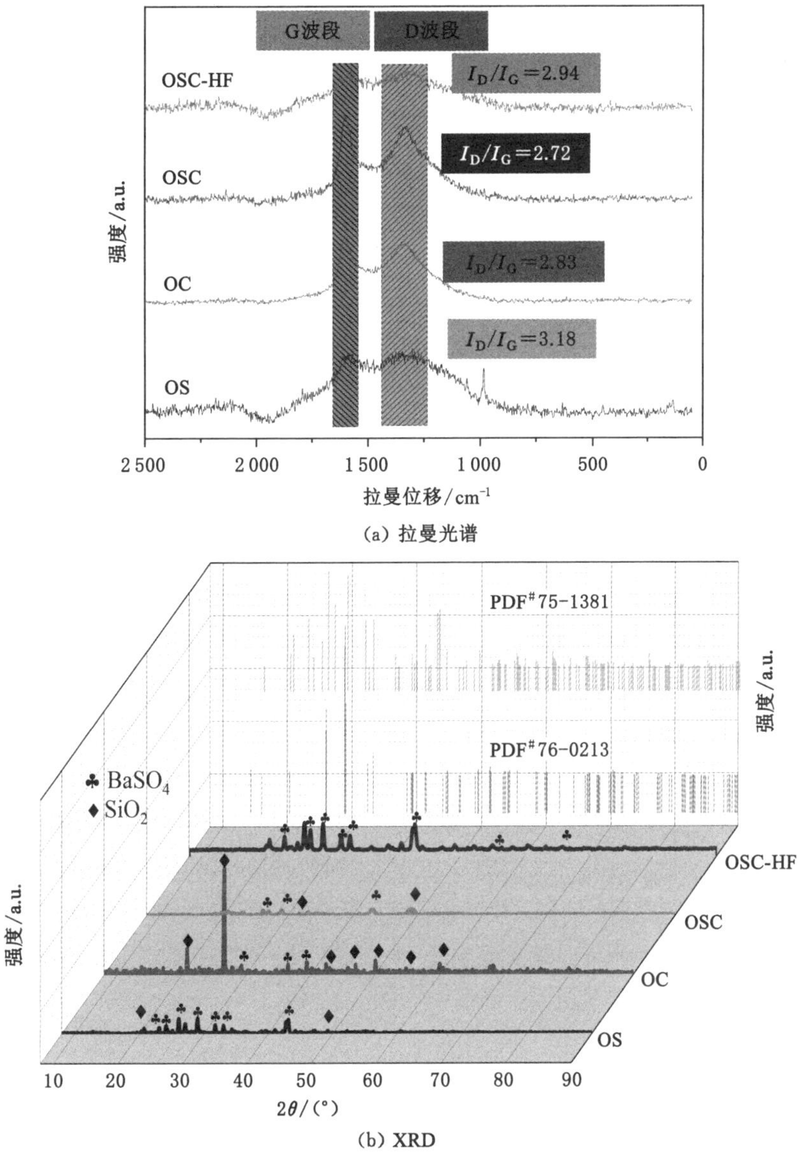

(a) 拉曼光谱

(b) XRD

图 2.20　生物炭复合材料的拉曼光谱和 XRD

叠被覆盖所致[186-187]。

2.3.2.2　BET

采用氮吸附-脱附 BET 法测定了样品的比表面积和孔径分布，如图 2.21(a)所示，生物炭材料吸附属于Ⅳ型吸附-解吸等温线。当相对压力 p/p_0 为 0.6 左右时，等温线急剧上升，在 $p/p_0>0.6$ 处出现 H3 型迟滞回线，表明形状孔隙的解吸速率较慢，是中孔和微孔炭为主的典型特征，孔径分布等温线[图 2.21(b)]显示材料中同时存在微孔和介孔[188-189]，但介孔结构更为显著，表 2.5 中的数据进一步证实了这一结论。值得一提的是，OSC 的比表面积为 34.50 m^2/g，与表 2.5 中的其他生物炭对比可知，远高于以城市污泥和甘蔗渣为原材料中提取的生物炭和 OS、OC、OSC-HF 的比表面积，与 Si-Mn 改性生物炭接近，表明以 OBDS 和 OBDC 混合作为制备生物炭的前驱体，可以提供更有效的活性位点，提高离子和电子传输速率。因此，附着在生物炭上的 SiO_2 可以显著提高生物炭的比表面积。

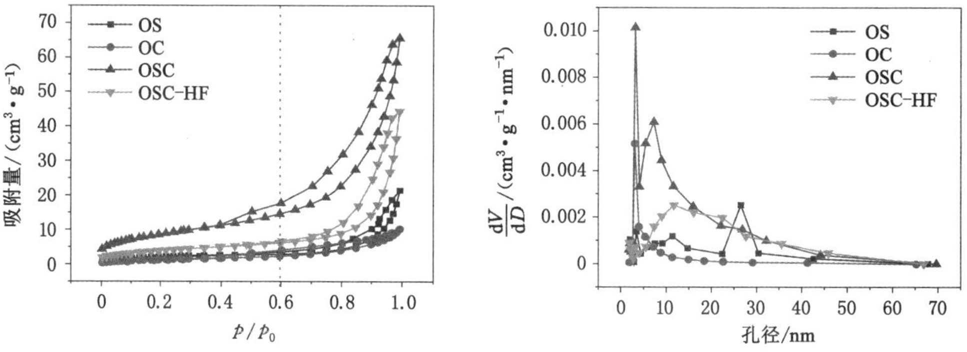

(a)　　　　(b)

图 2.21　OS、OC、OSC 和 OSC-HF 的 N_2 吸附脱附曲线和孔径分布曲线

表 2.5　油基泥浆和岩石基活性炭的孔隙结构和表面特性

生物质(原材料)	生物炭类型	比表面积/($m^2 \cdot g^{-1}$)	孔径/nm	孔容/($cm^3 \cdot g^{-1}$)	微孔体积/($cm^3 \cdot g^{-1}$)	参考文献
OBDS	OS	11.47	15.62	0.034	0.003 4	—
OBDC	OC	8.18	8.38	0.017	0.001 0	
OBDSC	OSC	34.50	11.83	0.10	0.001 6	
OBDSC	OSC-HF	17.34	18.38	0.07	0.002 6	
秸秆	生物炭	2.29	38.84	0.000 52	—	文献[190]
	硅锰修饰后的生物炭	35.43	5.82	0.052	—	
市政废水污泥	生物炭	21.8	—	0.10	—	文献[191]
	壳聚糖物生物炭	34.7	—	0.14	—	
甘蔗渣	生物炭	21.28	—	—	—	文献[192]

注：OBDSC 代表 OBDS 和 OBDC 的混合物。

2.3.2.3　SEM、EDS 和 TEM

制备的生物炭样品 OS、OC、OSC 和 OSC-HF 的 SEM 和 EDS 如图 2.22 所示。图 2.22(a)展示了 OS 的不规则形状微观视图，其中存在着大量的块状晶石，这是因为生物炭生产过程中少量的碳和碳晶格的坍塌，可以进一步从视觉上解释图 2.22(b)的 EDS 结果中大量的无机矿物(Ba 和 Si 等)的存在。由图 2.22(c)可以看出，OC 表面有明显的团聚行为和大量白点，根据 OC 的 EDS 结果[图 2.22(d)]和前述的 XRD 可知，这些白点可能是 SiO_2 和 $BaSO_4$ 的化合物。而在图 2.22(e)中，可以观察到明显的碳纳米球结构，并且没有任何填料团聚，表明所有组分之间的连接良好[193]，进一步解释了所有样品中 OSC 具有最大比表面积的原因。OSC 的 EDS 结果[图 2.22(f)]显示，除生物炭外，OSC 的主要成分是 $BasO_4$ 和 SiO_2。然而，如图 2.22(g)所示，

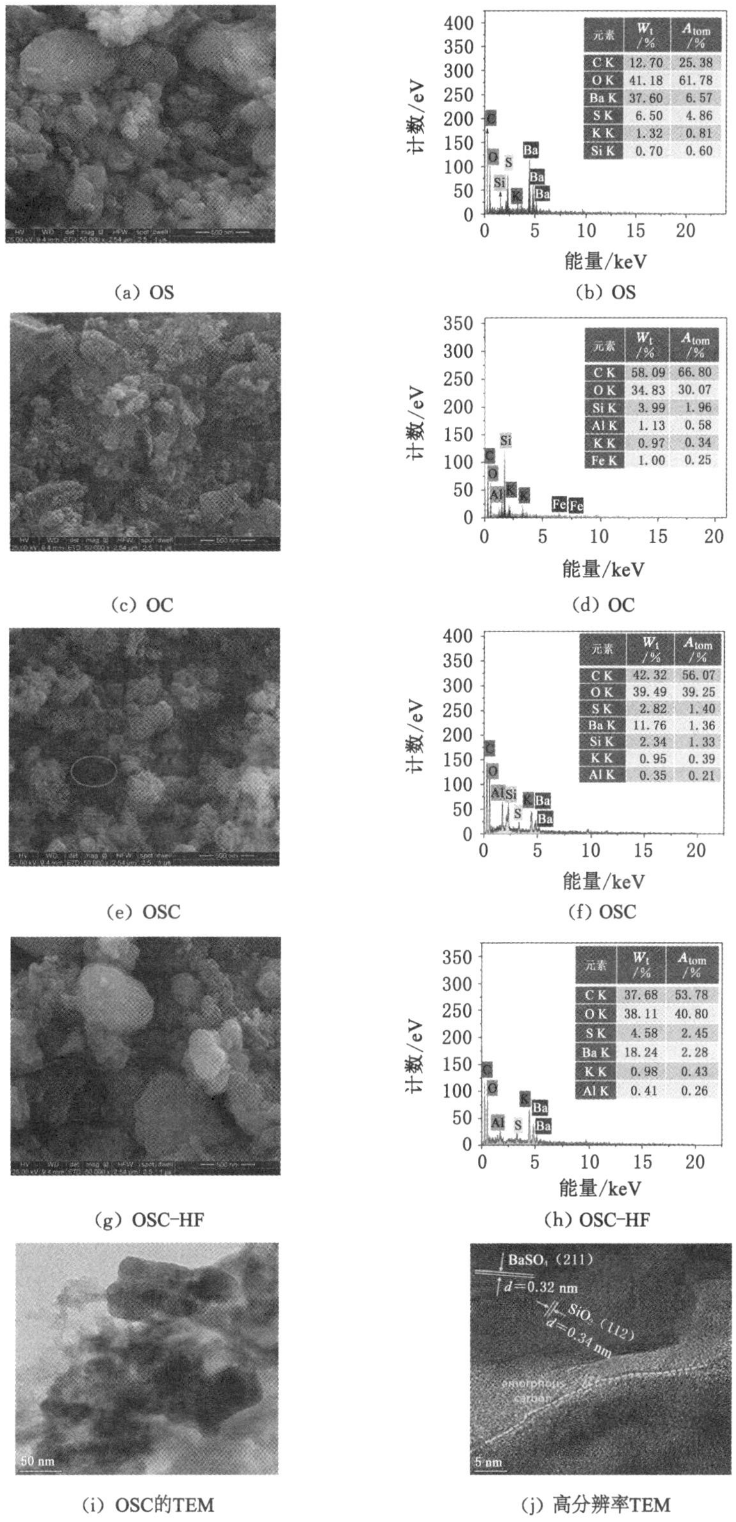

图 2.22　生物炭样品 OS、OC、OSC 和 OSC-HF 的 SEM 和 EDS

通过 HF 处理 OBDSC 后，颗粒尺寸增大，界面键合减弱，图 2.22(h)显示出 Si 元素在 OSC-HF 中被去除。因此，SiO_2 的存在可以避免纳米颗粒的严重聚集，有利于纳米颗粒的均匀分散[183]。利用透射电镜(TEM)对 OSC 的微观结构进行了直观观察，图 2.22(i)中黑点代表生物炭负载的核壳纳米颗粒结构[194]。HR-TEM 图像显示了 $BaSO_4$、SiO_2 晶格和石墨炭条纹[图 2.22(j)]，0.32 nm和 0.34 nm 的纳米颗粒晶格间距，分别对应于 $BaSO_4$ 的(211)面和 SiO_2 的(112)晶面。同时，$BaSO_4$(211)的平面与 SiO_2(112)不平行，说明生物炭复合物材料的外延有利于获得不同方向的纳米结构，从而有利于高效催化过程[195]。

2.3.2.4　XPS

生物炭样品 OSC 的 XPS 如图 2.23 所示。由图 2.23(a)可以看出，从生物炭材料表面可以检测到 C、O、Ba、S、Si 和 Al 等元素。图 2.23(b)中的 284.8 eV、286.8 eV、287.9 eV 和 289 eV 的 C 1*s* 谱峰分别对应 C—C/C—H、C—O、C═C 和 O═C—O[62,196]。表 2.6 中列出了各功能组的占比，其中 C—C 峰面积占 C 1*s* 的 63.3%，表明 OBDS 和 OBDC 热解后的化合物以石墨结构为主。O 1*s* 的反卷积峰位于 530 eV、531.8 eV 和 532.6 eV [图 2.23(c)]，表明 Si—O/Al—O、Si—OH 和—COOH 的存在[197]。图 2.23(d)显示，102.6 eV 处的峰被分配给 Si 2*p* 的 Si—O 光谱[198]。Ba 3*d* 的分峰谱图被拟合为两个峰[图 2.23(e)]，主要归属于 Ba $3d_{5/2}$(780 eV)和 Ba $3d_{3/2}$(795 eV)[199]，证明了材料中 $BaSO_4$ 的存在，这与 XRD、EDS 中的分析结果一致。图 2.23(f)中位于结合能 169 eV 处的 S 2*p* 峰表明，该元素主要以硫酸根中的 S^{6+} 形式存在[200]。图 2.23(g)显示，74.2 eV 处的 Al 2*p* 峰的高分辨率 XPS 扫描显示了 Al_2O_3 的存在。

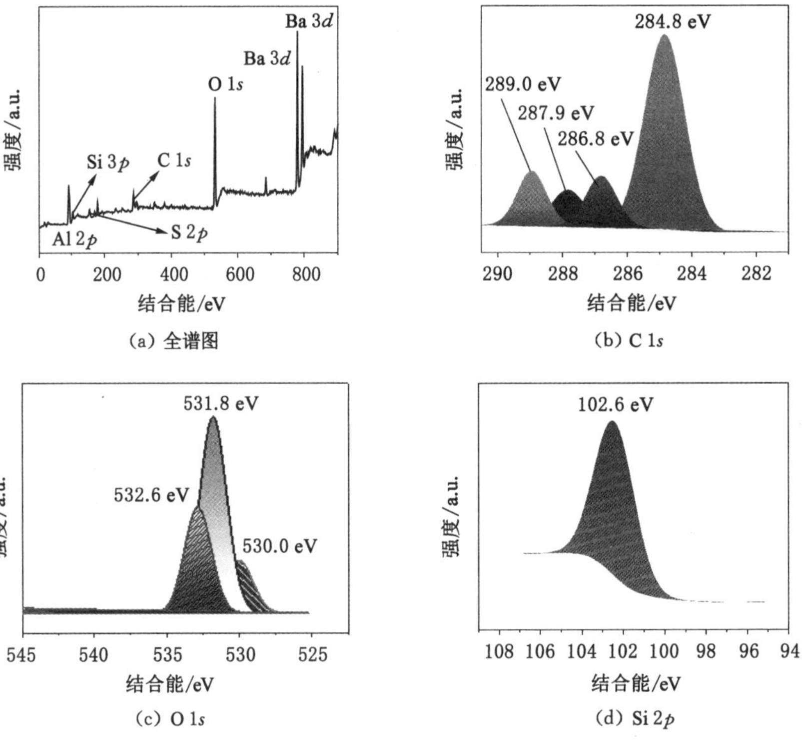

(a) 全谱图　(b) C 1*s*　(c) O 1*s*　(d) Si 2*p*

图 2.23　生物炭样品 OSC 的 XPS

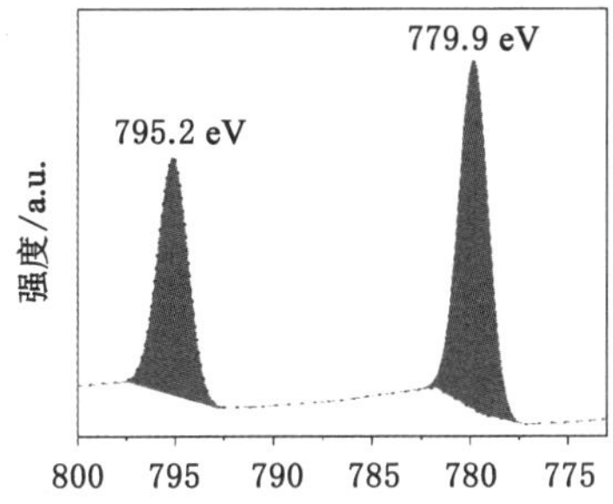

(e) Ba 3*p*

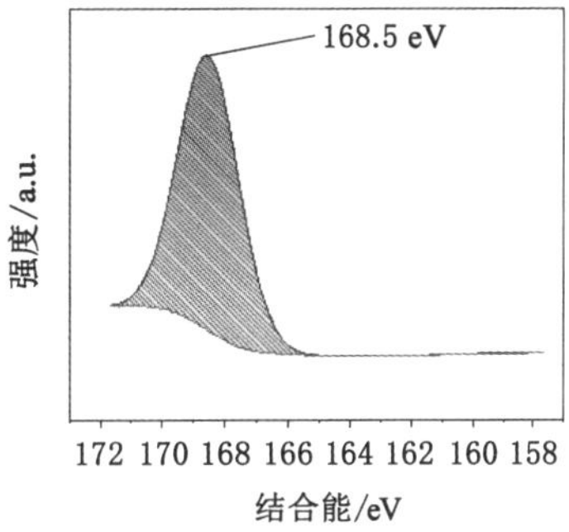

(f) S 2*p*

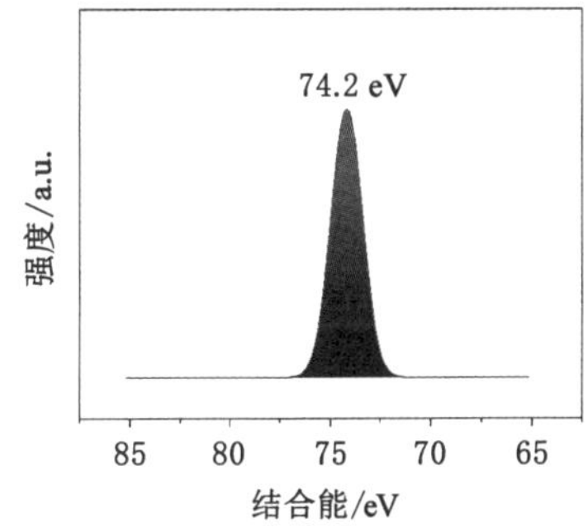

(g) Al 2*p*

图 2.23　(续)

表 2.6　OSC 中 C 1*s* 不同官能团的相对含量

	官能团	占比/%
C 1*s*	C—C/C—H	63.3
	C—O	13.1
	C═C	10.2
	O═C—O	13.4

2.3.3　纳米生物炭电极的电化学性能

2.3.3.1　CV

图 2.24(a)展现了在 OS、OC、OSC 和 OSC-HF 在扫描速率为 10 mV/s 时的 CV 曲线。由图 2.24(a)可以看出，OS、OSC 和 OSC-HF 均出现氧化还原峰，表明体系中发生了电化学反应[201]；OSC 的氧化还原峰的电流密度分别为 7.10 mA/cm^2 和 5.8 mA/cm^2，高于本研究中的其他材料，说明 OSC 电极具有较强的电化学活性区域，具有良好的电催化效果；OSC 的峰值电位差 ΔE_p 仅为 125 mV，表明其在电极材料上的电子传递动力学较好或电子传输和离子传输过程中的能量损失较小[202]。

由图 2.24(b)可以看出，随着扫描速率的增加，OSC 的氧化峰和还原峰分别向右和向左偏移，即使在高扫描速率下(50～100 mV/s)，OSC 的 CV 曲线仍表现出良好的可逆性形状，

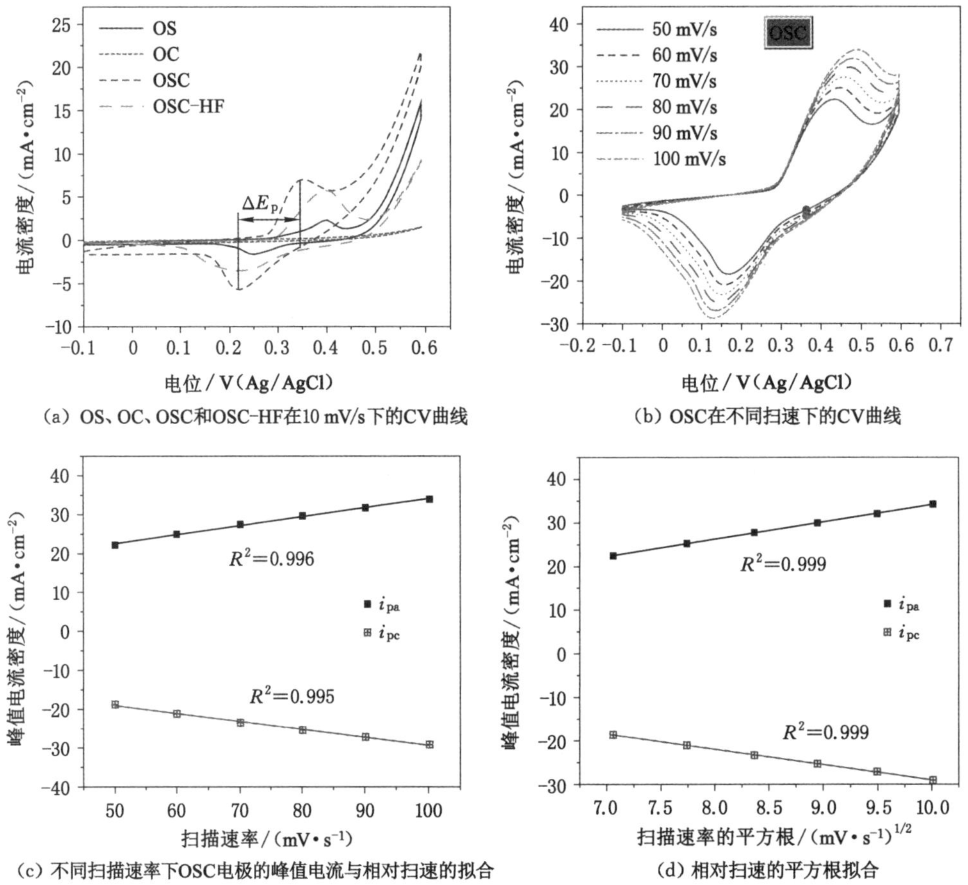

图 2.24 生物炭材料的循环伏安曲线

表明该电极具有良好的电子转移速率以及稳定性,且内阻较低[203]。

由图 2.24(c)和图 2.24(d)可知,氧化峰电流(i_{pa})和还原峰电流(i_{pc})对扫描速率平方根线性拟合结果的相关系数(R^2)达到 0.999,大于峰电流与扫描速率拟合后的相关系数 R^2(氧化峰和还原峰相对于扫描速率线性拟合结果为 0.995 和 0.996),说明扩散控制在电极表面的电化学反应中起主导作用。

2.3.3.2 LSV 和 EIS

图 2.25(a)所示为生物炭材料在扫描速率为 10 mV/s 的 LSV 曲线。通过曲线过零电位作切线可知,OS、OC、OSC 和 SC-HF 的析氧电位分别为 1.50 V、1.57 V、1.72 V 和 1.63 V,OSC 的过电压(OEO)为 0.44 V,表现出最好的电催化氧化能力,也远高于相关文献报道的炭纳米管(0.28 V)[204]和氮磷共掺杂改性活性炭(0.40 V)[205]。因此,某些较高的 OEO 可以防止析氧等副反应的发生,进一步提高有机质的整体降解效率[206-207]。

奈奎斯特图及其等效电路如图 2.25 所示。由图 2.25 可以看出,所有生物炭材料在高频区呈半圆形,在低频区呈直线。值得注意的是,OSC 的半圆半径小于 OS、OC 和 OSC-HF,且通过拟合结果可知电荷转移电阻(R_{ct})最小,仅为 4.8 Ω,对应的参数拟合结果如表 2.7 所列,进

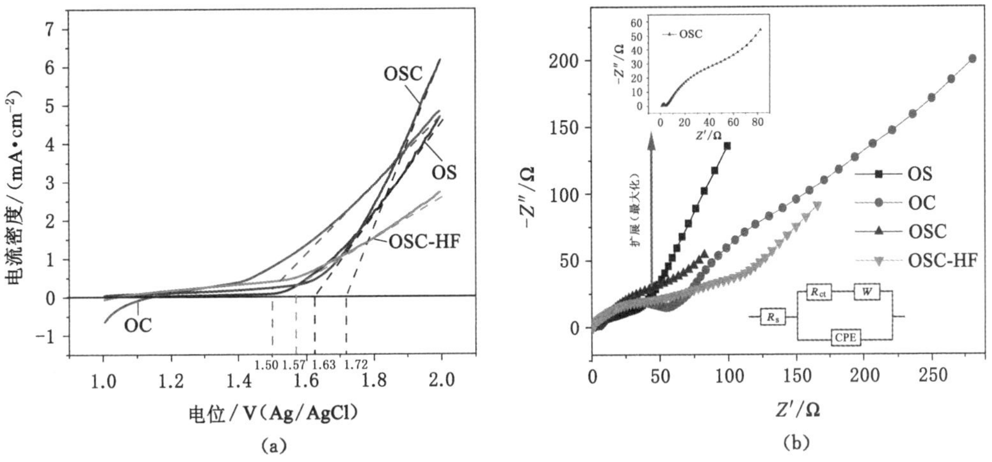

R_s、R_{ct}和 CPE—溶液电阻、电荷转移电阻和恒相元件。

图 2.25　生物炭材料的电化学性能

一步证明了这一事实。一般来说，R_{ct}值越小，电荷转移速率越快，电解液浸润就越好，从而可以提升反应动力[208-209]。此外，电解质溶液的电阻(R_s)，主要包括电解质与电极界面处的接触电阻；R_s 的拟合值表明，以 OS 和 OC 为原料的生物炭材料提高了催化层的导电性[210]。在低频区域，与实轴呈近 45°角的直线对应瓦博格电阻(Z_w)，揭示了离子在电解液中扩散的频率依赖性[211]。

表 2.7　各类生物炭材料的奈奎斯特拟合结果

	OS	OC	OSC	OSC-HF
R_{ct}/Ω	44.73	85.81	4.8	82.3
R_s/Ω	11.23	39.52	7.6	24.7
$W/(\Omega \cdot s^{-1/2})$	83.03	147.6	25.4	38.4
CPE-T(F)	0.012 065	0.001 3	0.001 9	0.001 7
CPE-P	0.43	0.57	0.63	0.77

2.3.3.3　纳米生物炭阳极处理废油基泥浆

以生物炭复合材料为阳极、泡沫镍为阴极，组装成电化学氧化系统进行 OBDS 上清液处理，如图 2.26 所示。

由图 2.26(a)可以看出，不同生物炭电极对 COD 的去除率随电解时间的变化规律一致，特别是在电解时间为 240 min 时，有机物的降解率趋于稳定；泡沫镍、OS、OC、OSC 和 OSC-HF 对 COD 的平均去除率分别为 23.25%±0.59%、47.7%±0.82%、49.9%±0.66%、79.4%±0.95%和 67.3%±1.23%，OSC 对 COD 的降解效率进一步反映了其优异的电化学性能。溶解性总碳(TC)、总有机碳(TOC)的变化以及 TOC 去除效率如图 2.26(b)所示，其中 OSC 电极的 TOC 去除率达到了 57.4%，表明有机质可以被降解为小分子[201]。

在电催化氧化过程中，电池电压的变化是电极稳定性的重要指标。在图 2.26(c)中，

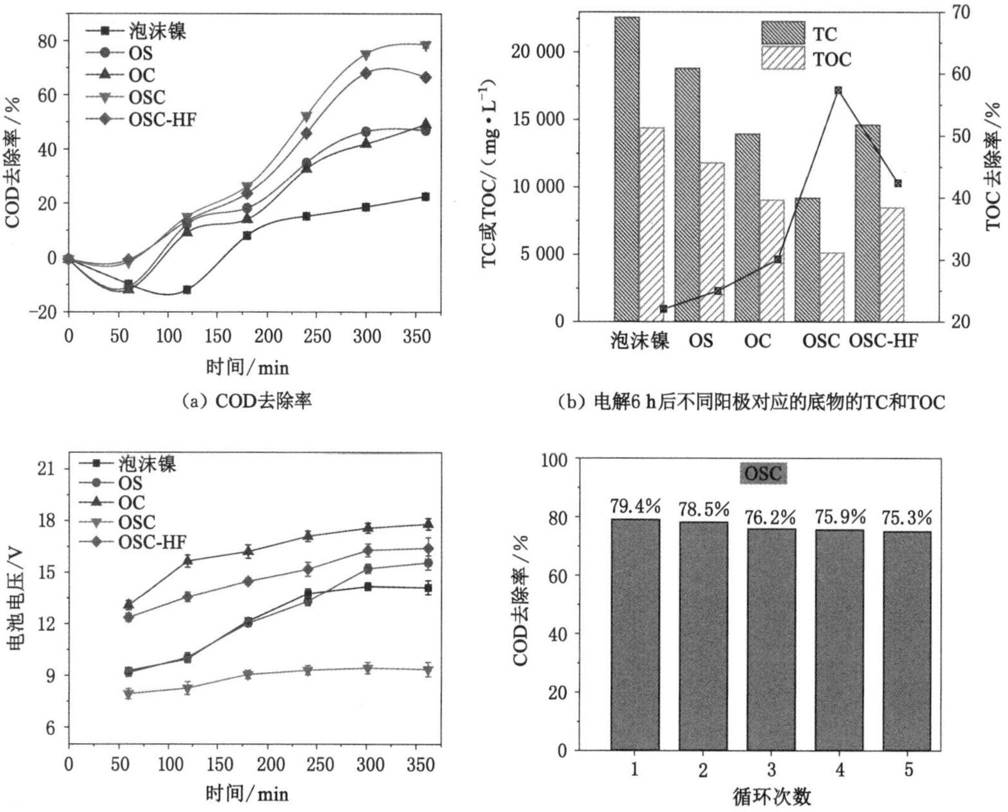

(a) COD去除率

(b) 电解6 h后不同阳极对应的底物的TC和TOC

(c) 电池电压随电催化时间的变化曲线

(d) OSC电极重复5次的COD去除率

图 2.26 生物炭电极的电催化性能

OSC 电极的电池电压最低,为 9.51 V±0.42 V,随着电解时间的延长,电压波动最小。产生这一现象的原因可能是 OSC 电极表面存在更多的活性位点,有助于产生羟基自由基或其他活性催化基团。但在较高的电压范围内,其他电极特别是 OS 和 OC 的电压值迅速增加,表明电化学稳定性差,电化学装置能耗高。

由图 2.26(d)可以看出,经过 5 次连续降解实验后,COD 去除率仅下降 4.1%,表明了电极的可重复使用性,也进一步说明了 OSC 电极的电化学稳定性。

2.4 电催化降解处理页岩气开发废水的历程及电极的稳定性

2.4.1 降解历程分析

结合上述电极材料的优化结果,选择生物炭复合电极为阳极,Ni-Mo-P-Yb8-Nd2(CVD)电极为阴极,重点考察电流密度、pH 值和 NaCl 浓度对压裂返排废水有机物和氨氮处理效果的影响。电催化反应的适宜反应条件如下:电流密度为 60 mA/cm^2,pH 值为 9,

NaCl 的浓度为 10 g/L。在该条件下，返排废水和废油基泥浆的 COD 去除率分别达到 87% 和 97%，通过动力学研究确定了该反应为一级反应。降解历程分析表明，脂肪烃的降解效果要明显优于芳香烃，且反应结束后没有产生长链的中间产物。

Ni-Mo-P-Yb8-Nd2(CVD)降解 10 min 和 240 min 后的底物 FTIR 和 XRD 分别如图 2.27 所示。FTIR 结果表明，在 3 443 cm^{-1} 和 1 078 cm^{-1} 位置处的吸收峰分别属于—OH 和 C—O 键的伸缩振动峰和吸收峰，且峰面积和强度明显减弱，这表明石油类等物质得到了有效降解，没有产生其他中间产物[77]。处理前后，2 923 cm^{-1} 和 2 919 cm^{-1}、1 458 cm^{-1} 和 1 433 cm^{-1} 处分别属于—CH_3 和—CH 的直链烷烃结构，表明脂肪烃的存在，而脂肪烃也是页岩气压裂过程中含油废物的主要成分，处理前后峰面积的变化说明该类物质可以通过电催化法被降解；同时，675～900 cm^{-1} 内的几个吸收峰代表芳香族化合物的存在，其相对于脂肪烃的变化不显著；611 cm^{-1} 和 613 cm^{-1} 位置处代表矿石的存在[212]，波数最低范围(465 cm^{-1} 附近)内的振动是 Si—O 和 Al—O 键的振动，此时油基泥浆的基本骨架结构基本没有发生变化。综上所述，底物中可能主要是脂肪烃以及石油类被氧化消耗，而芳香烃降解效果不佳。

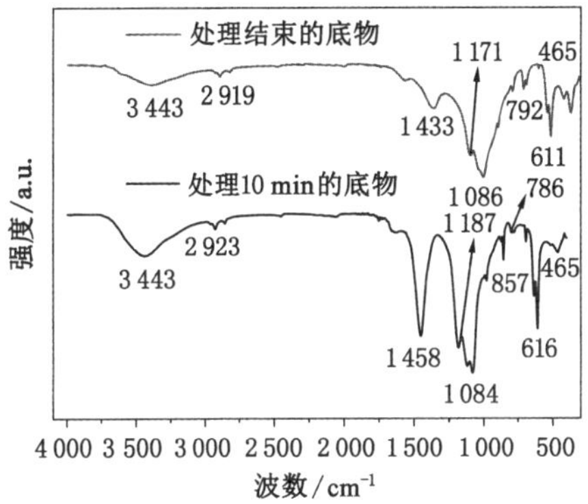

(a) FTIR

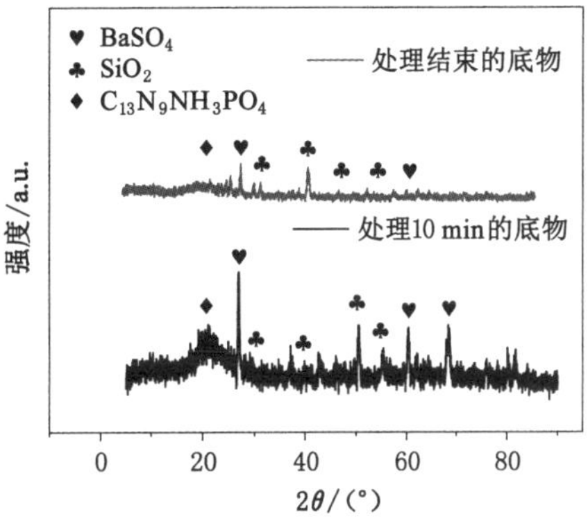

(b) XRD

图 2.27　以 Ni-Mo-P-Yb8-Nd2(CVD)为阴极电催化处理 10 min 和结束后的底物

对 Ni-Mo-P 电极而言，底物的 FTIR 如图 2.28(a)所示，其成分变化中芳香烃降解趋势和 Ni-Mo-P-Yb8-Nd2(CVD)一致。根据—OH 和 C—O 键的伸缩振动峰和吸收峰可知，—CH_3 和—CH 的直链烷烃结构的变化相对于 Ni-Mo-P-Yb8-Nd2(CVD)较小，表明脂肪烃的降解效果同样较差。由图 2.28(b)可知，底物的主要晶相结构为 $BaSO_4$ 和 SiO_2，在 2θ 为 21.30°的宽化峰表明，$C_{13}N_9NH_3PO_4$ 在反应 10 min 和降解完成后有明显的差异，即该类有机物被有效降解，这与 FTIR 结果呈现相同的趋势。而 $C_{13}N_9NH_3PO_4$ 的峰值在 Ni-Mo-P 电极作用下并没有下降[图 2.28(b)]，进一步揭示 Ni-Mo-P 为阴极时 COD 去除率较低的原因。由高效液相色谱结果(图 2.29)可以发现，降解前的样品中存在大量的脂肪烃和芳香族化合物[213-214]，包括甲苯、乙苯、二甲苯等短链芳香族化合物[201]，以及许多长链络合芳香族化合物。但是，降解后的样品中几乎没有这样的化合物，说明降解基本是完全的，没有其他的中间产物，辅证了上述 FTIR 和 XRD 的结论。

综上所述，提出了在电极表面可能发生的反应[35,77]。生物炭金属氧化物阳极上直接氧化过程产生的非选择性强氧化性羟基自由基如式(2.1)所列，然后通过式(2.2)氧化脂肪族

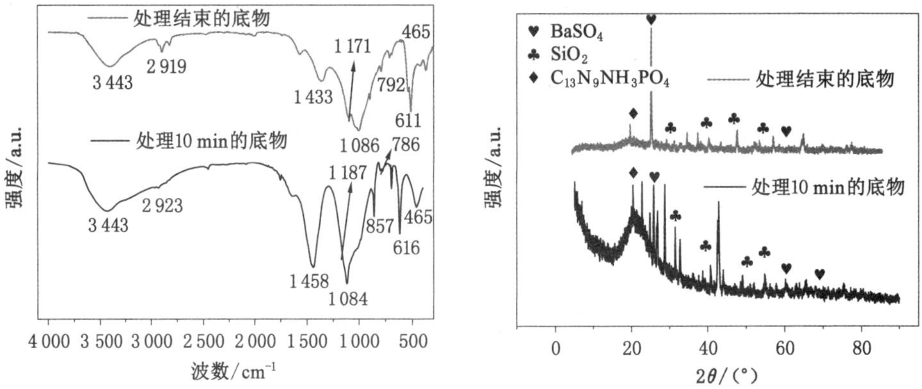

(a) FTIR　　(b) XRD

图 2.28　以 Ni-Mo-P 为阴极电催化处理 10 min 和结束后的底物

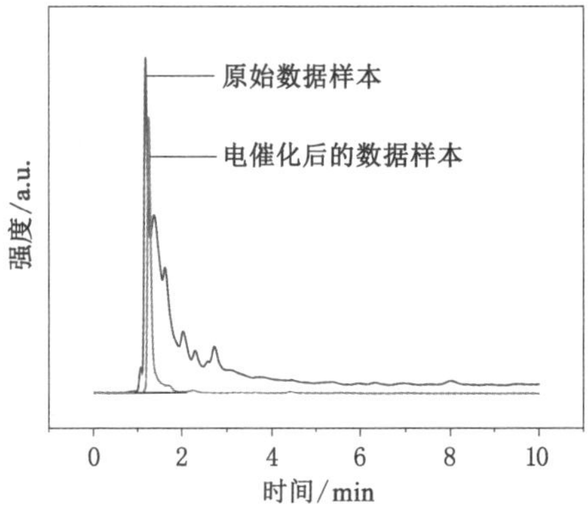

图 2.29　以 Ni-Mo-P-Yb8-Nd2(CVD)为阴极的
高效液相色谱在底物处理 10 min 和 240 min 后的结果

烃等有机物，这与传统金属阳极如 RuO_2 相似。碱性溶液中的阴极会通过式(2.3)和式(2.4)所列的两个步骤发生析氢反应。

$$MO_x + H_2O - e^- \longrightarrow MO_x(\cdot OH) + H^+ \tag{2.1}$$

$$C_{\frac{z}{2}}H_y + MO_x(\cdot OH)_z - ze^- \longrightarrow MO_x + (z+y)H^+ + \frac{z}{2}CO_2 \tag{2.2}$$

$$\text{Ni-Mo-P-Yb-Nd} + H_2O + e^- \longrightarrow \text{Ni-Mo-P-Yb-Nd} + H_{ad} + OH^- \tag{2.3}$$

$$\text{Ni-Mo-P-Yb-Nd} + H_{ad} + H_2O + e^- \longrightarrow \text{Ni-Mo-P-Yb-Nd} + H_2 + OH^- \tag{2.4}$$

2.4.2　电极稳定性分析

为了进一步观察电极作为阴极自身的溶解或腐蚀情况及表面可能发生的反应，重复使用 8 次后的纯泡沫镍、Ni-Mo-P、Ni-Mo-P-Yb8-Nd2(DC)和 Ni-Mo-P-Yb8-Nd2(CVD)电极形貌如图 2.30 所示。由图 2.30 可以看出，相对于其他电极，纯泡沫镍的裂隙被堵塞，

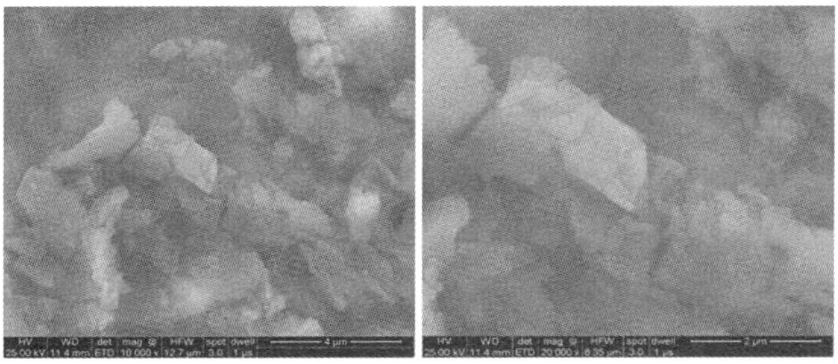

(a) 裸泡沫镍

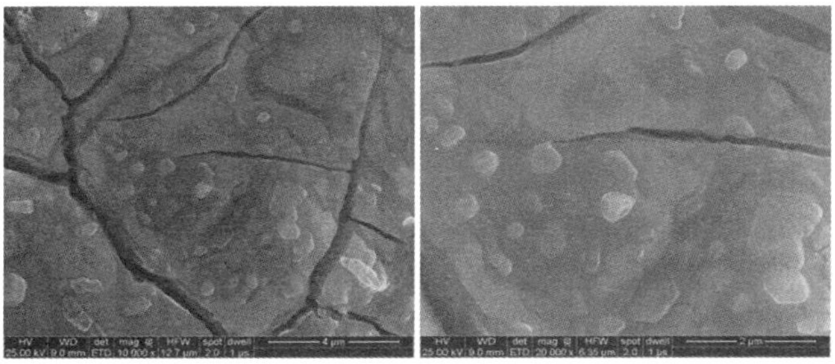

(b) Ni-Mo-P

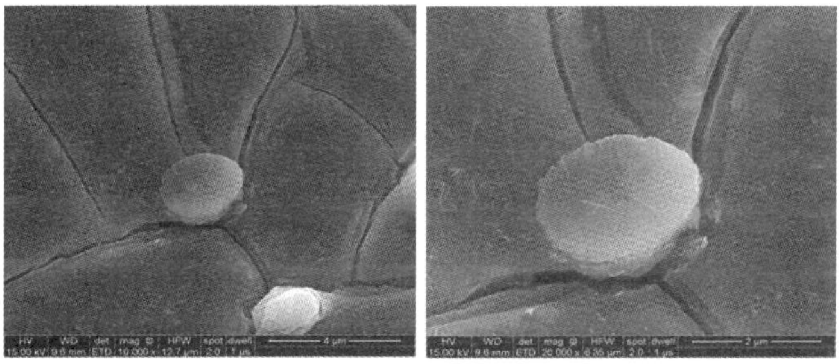

(c) Ni-Mo-P-Yb8-Nd2（DC）

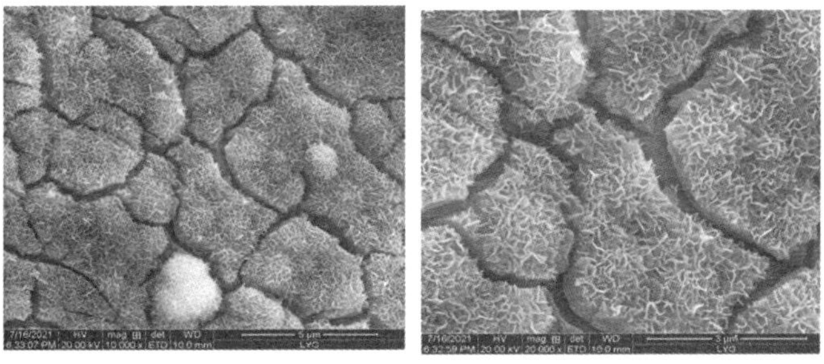

(d) Ni-Mo-P-Yb8-Nd2（CVD）

图 2.30　重复使用 8 次后的电极 SEM

表明大量的有机物可能没有被降解，而是吸附在该电极表面；Ni-Mo-P 电极表现出了较好的稳定性，没有被溶解，且 Ni-Mo-P-Yb8-Nd2（CVD）电极表面可以观察到絮状物，这可能是降解过程中的产生的中间体，也是难降解的物质被吸附在表面所致[215]。重复使用 10 次后电极的 LSV 曲线（图 2.31）表明，Ni-Mo-P-Yb8-Nd2（DC）和 Ni-Mo-P-Yb8-Nd2

(CVD)向更高的过电位偏移,则这两类电极具有较高的稳定性,适合在电催化装置中循环使用。

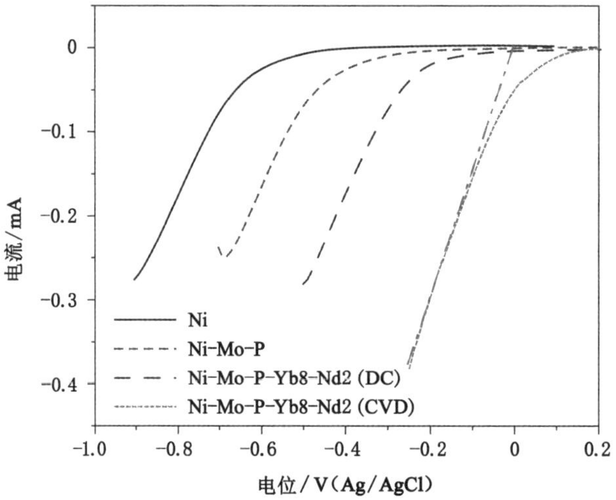

图 2.31 重复使用后的 Ni、Ni-Mo-P、Ni-Mo-P-Yb8-Nd2(DC)和 Ni-Mo-P-Yb8-Nd2(CVD)电极的线性伏安曲线

第 3 章　双室 MFC 处理页岩气返排废水

3.1　MFC 的构建与启动

3.1.1　MFC 的构建

书中的 MFC 均为有机玻璃制作而成的双腔室系统，阳极室和阴极室通过直径为 5 cm 的法兰连接，两室的有效体积均为 800 mL，阳极和阴极通过外导线连接 1 000 Ω 的内阻构成回路。在连接处，阳极室和阴极室之间选用透过性好且具有较好的抗拉伸性能和抗撕裂性的质子交换膜（Nafion117，有效面积为 7 cm^2，杜邦公司生产，美国）隔开。质子交换膜在使用前通过去离子水浸泡，随后依次置于 5% 的 H_2O_2、去离子水和 0.5 mol/L H_2SO_4 中煮沸以去除表面的有机杂质、金属离子和氧化物等，最后放置于去离子水中保存。阳极主要采用碳毡，阴极主要采用碳刷材料。为了确保使用的电极能够充分去除油类和其他氧化物等污染物，使用前的碳毡和碳布连续经过 10% 的 H_2O_2 处理 3 h，1 mol/L 的氢氧化钠溶液处理3 h，以及蒸馏水处理 1 h，每个步骤都在水浴 95 ℃的条件下完成。活性好氧污泥均取自于重庆沙坪坝区井口污水处理厂，厌氧污泥通过好氧污泥进行厌氧驯化得到，具体的驯化方法同课题组之前的研究一致[216]。

3.1.2　MFC 的启动

在启动阶段，首先将 1 g/L 葡萄糖营养液和培养好的厌氧污泥以 1∶1 的体积比配制好作为阳极接种液；然后使用 50 mmol/L 磷酸盐缓冲溶液、微量金属元素溶液和维生素溶液共同维持微生物的生长。50 mmol/L 磷酸盐缓冲溶液成分见表 3.1；微量金属元素溶液成分见表 3.2。阳极室和阴极室营养液的添加量参照文献[217]。当电压急剧下降时，需要重新添加营养物质，如此反复 3 个周期，代表启动成功。

表 3.1　50 mmol/L 磷酸盐缓冲液成分

组分	浓度/$(g \cdot L^{-1})$
NH_4Cl	0.31
$NaH_2PO_4 \cdot H_2O$	2.452
Na_2HPO_4	4.576
KCl	0.13

表 3.2　微量金属元素溶液成分

组分	浓度/$(g \cdot L^{-1})$
NTA(氨三乙酸)	1.5
$MgSO_4 \cdot 7H_2O$	6.15
$MnSO_4 \cdot H_2O$	0.5
NaCl	1
$FeSO_4 \cdot 7H_2O$	0.1
$CaCl_2 \cdot 2H_2O$	0.1
$CoCl_2 \cdot 6H_2O$	0.1
$ZnCl_2$	0.13
$CuSO_4 \cdot 5H_2O$	0.01
$KAl(SO_4)_2 \cdot 12H_2O$	0.01
H_3BO_3	0.01
$Na_2MoO_4 \cdot 2H_2O$	0.054

在启动阶段完成后，阳极室更换为页岩气返排废水或油基泥浆开始运行。为了不再干扰阳极室内的污染物测试，运行阶段不再添加任何营养物质。MFC 采用连续性运行模式，在输出电压下降到 50 mV 或相关的污染物参数(如 COD)不再存在下降的趋势时，代表运行结束。页岩气返排废水、废油基泥浆以及垃圾渗滤液的主要特征及参数见表 3.3。在进行不同垃圾渗滤液与好氧污泥比例对阳极室返排废水处理的影响时，其中垃圾渗滤液的体积分数为 0、25%、50%和 100%，标记为 L0、L25、L50 和 L100。在进行不同阳极室底物浓度和搅拌速率对 MFC 处理油基泥浆时，设置的底物浓度分别为 5 g/L、10 g/L、20 g/L 和 30 g/L，搅拌速率分别为 0 r/min、50 r/min、100 r/min 和 200 r/min。

表 3.3　页岩气开发废水、垃圾渗滤液和好氧污泥的特征和基本参数

污染物特征	压裂返排废水	OBDS	老龄垃圾渗滤液	好氧污泥
颜色	浅黄色	深黑色	黑棕色	浅黄色
气味	刺激性气味	重油味	恶臭味	泥土的腥味
温度/℃	25±1	25±1	25±1	25±1
相态	澄清液体	黏性液体	不透明的悬浮液	不透明的泥水混合物
COD/$(mg \cdot L^{-1})$	4 200±17	21 900±210	2 864±2.32	3 219±23

表 3.3(续)

污染物特征	压裂返排废水	OBDS	老龄垃圾渗滤液	好氧污泥
NH_3-N/(mg·L^{-1})	1 700±14.3	395±17.8	418±4.7	105.4±9.6
NO_3^--N/(mg·L^{-1})	256.3±18.3	32±0.17	170±2.4	210.4±10.3
NO_2^--N/(mg·L^{-1})	19.4±1.2	2±0.001 4	5.65±0.14	7.3±0.23
pH	8.7±0.09	7.2±0.1	8.98±0.1	6.3±0.05
电导率/(mS·cm^{-1})	27.3±0.9	36.3±0.7	6.95±0.4	17.3±0.5

在研究不同岩屑浓度对油基泥浆的处理效果的影响时，配置的不同岩屑浓度的阳极液的参数见表 3.4。油基岩屑在添加到阳极室之前的前期处理方法：在油基岩屑搅拌均匀后，首先通过球磨机粉碎成粉末，然后将其置于 60 ℃真空干燥箱中干燥 24 h，最后通过标准筛(孔径小于 1.7 mm)过滤备用。

表 3.4 不同的岩屑浓度下阳极室初始数据

岩屑浓度/(g·L^{-1})	COD/(mg·L^{-1})	NH_3-N/(mg·L^{-1})	NO_3^--N/(mg·L^{-1})	NO_2^--N/(mg·L^{-1})
1	22 015±132	395±17.8	29.4±0.15	2.70±0.02
2	23 100±114	404±20.1	32.5±0.21	2.92±0.04
4	26 209±168	417±16.5	34.2±0.45	3.11±0.03
6	27 320±153	421±11.9	37.5±0.62	3.15±0.07

3.1.3 MFC 性能评价和底物测试方法

3.1.3.1 输出电压曲线、极化曲线和功率密度曲线

输出电压通过数据采集仪(美国安捷伦公司，Agilent 34970A)获取，电压每隔 60 s 采集一次，可以通过欧姆定律 $I=U/R$ 得到同时间的电流。测试 MFC 的极化曲线，可以通过计算同时得到功率密度曲线。按照一定的步长调节电阻箱的数值，采用数据采集仪以 1 min 的时间间隔记录电压变化即可获得极化曲线。阴、阳极电位曲线通过稳态放电法获取。主要测试流程是在开路条件下，待电池电压稳定，然后按照一定的步长调整电阻值，以 30 s 的时间间隔记录电位数值。

3.1.3.2 电化学表征

燃料电池的循环伏安曲线是利用辰华 CHI 660B 的电化学工作站进行的，用来评价电子的转移动力学机制。测试时，阳极充当工作电极，阴极为对电极，Ag/AgCl 参比电极被安装在阳极室。循环伏安的扫描条件设置扫描速度为 10 mV/s，扫描范围为−0.3～0.4 V。而在测试 EIS 和 Tafel 曲线时，阴极和阳极分别充当工作电极和对电极，其相对于循环伏安法，对系统的扰动较小，其相关参数与 2.2.2 小节电化学性能测试一致。

3.1.3.3 生物膜表征

用场发射扫描电子显微镜(SEM)观察不同电极表面的结构及微生物生长情况。样品的处理方法主要分为电极裁剪、样本固定、过磷酸盐溶液漂洗、无水乙醇脱水、干燥、喷金处置，随后置于场发射扫描电子显微镜观察，具体的步骤参考文献[218]。

3.1.3.4　微生物群落分析

来自 MFC 阴阳极上的微生物群落组成均通过高通量测序技术完成；测序服务主要由上海美吉生物科技公司提供；测序流程主要分为菌提取、文库构建和测序；测序区段采用16S rRNA V3 至 V4 区的基因组成来确定，测序时使用的扩增引物为 338F（ACTCC-TACGGGAGGCAGCAG）和 806R（GGACTACHVGGGTWTCTAAT）。对微生物群落的多样性进行分析，α-多样性（主要包含稀释曲线、Chao 值、Simpson 值等），β-多样性针对的是样品的微生物群落组成，利用美吉生物云统计学方法进行主成分分析（principal component analysis，PCA），应用热图模拟软件 Hemi 进行样本聚类分析等，从而得到样品间微生物群落结构的差异和不同分类对样品间的贡献差异。

3.1.3.5　水质分析与底物表征

COD 测定采用微波消解法[219,220]，测试前对稀释 10 倍后的原水及处理过后的染料废水进行测定。采用纳氏试剂分光光度法、酚二磺酸分光光度法和 N-(1-萘基)-乙二胺分光光度法分别测定水样的氨氮、硝酸盐氮和亚硝酸盐。总有机碳（TOC）采用 TOC 分析测定仪（日本岛津，multi N/C 3100）进行测定。通过 XRD、FTIR 和高效液相色谱（high performance liquid chromatography，HPLC）等方式分析处理前后的底物降解历程。

3.2　阴极液类型对 MFC 处理页岩气压裂返排废水的性能影响

3.2.1　输出电压和内阻

为了评价 MFC 的性能，对运行了近 80 天的双室 MFC 进行了输出电压、功率密度、极化曲线和电化学分析，如图 3.1 所示。其中，L0、L25、L50 和 L100 分别代表老龄垃圾渗滤液的体积分数为 0、25%、50%和 100%。

如图 3.1(a)所示，除 L100 外，不同比例的垃圾渗滤液构成的阴极液的输出电压变化趋势相似；起初输出电压急剧增加，最大输出电压达到 526～771 mV，表明页岩气压裂返排废水中可降解物质能够为电化学活性菌提供充足的营养。与 L0 相比，L25 的输出电压增加更为明显。

采用稳态放电法得到了功率密度曲线，如图 3.1(b)所示。L25 的最大输出功率密度为 14.04 W/m^3（973.8 mW/m^2），约为使用硫循环 MFC 处理压裂返排水功率密度（2 667 mW/m^3）的 5.3 倍[221]，甚至高于利用 15 个单一不锈钢/活性炭组成的多面板空气阴极且可容纳 255 L 城市污水的超大 MFC 装置（317 mW/m^3）[222]。研究表明，适当浓度的垃圾渗滤液可提供阴极催化微生物代谢所需的营养物质，不同种类微生物的竞争与协同作用对 MFC 的产电起到积极的作用。

图 3.1(c)的电位曲线显示，阳极电位的变化基本一致，但在阴极上观察到了严重的电位极化现象，说明阴极电位是引起 MFC 输出功率变化的主要因素，因而不同类别阴极液和阴极活性面积会造成不同的动力学约束和能量损失趋势[125,223]。

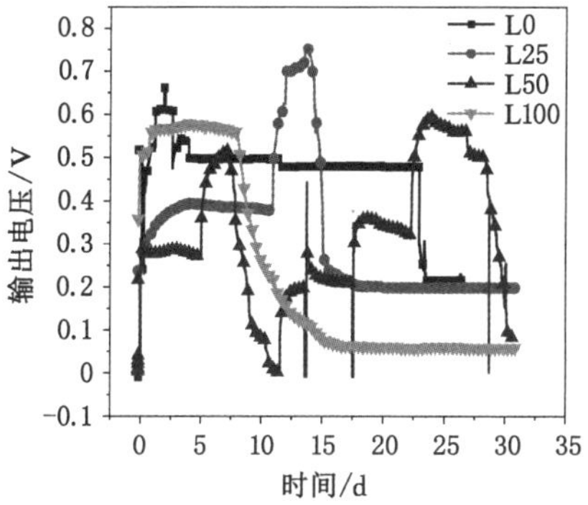

(a) MFC输出电压曲线

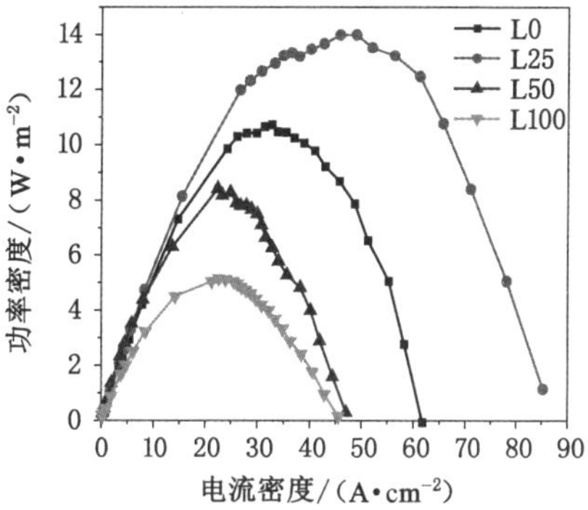

(b) MFC功率密度曲线

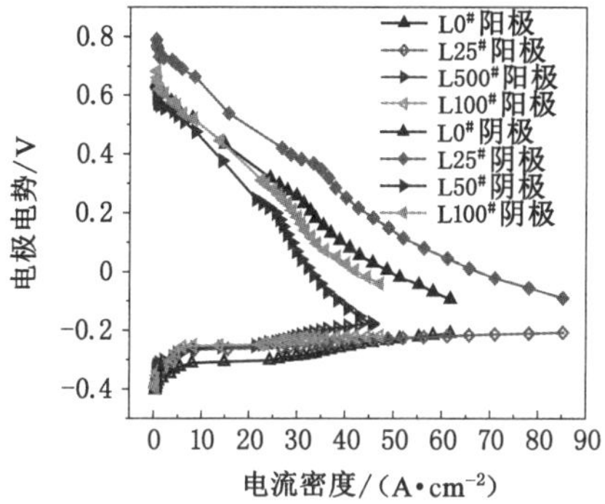

(c) 阴极和阳极极化曲线

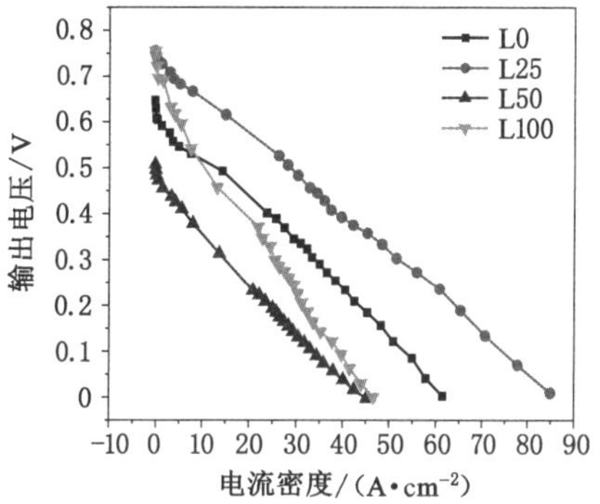

(d) MFC极化曲线

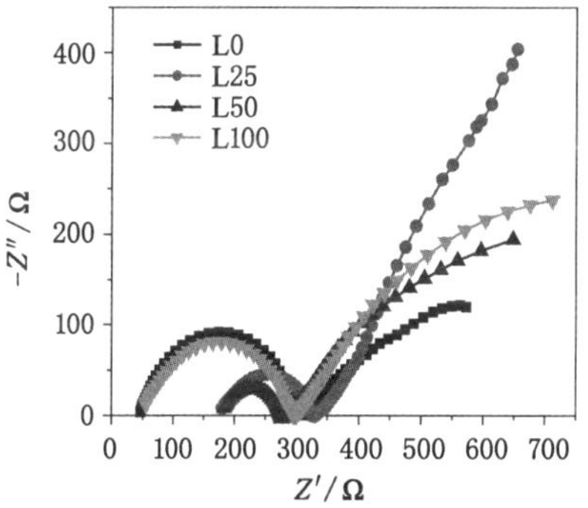

(e) MFC电化学阻抗谱

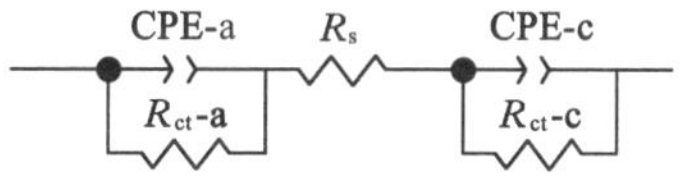

(f) 电化学阻抗谱等效电路图

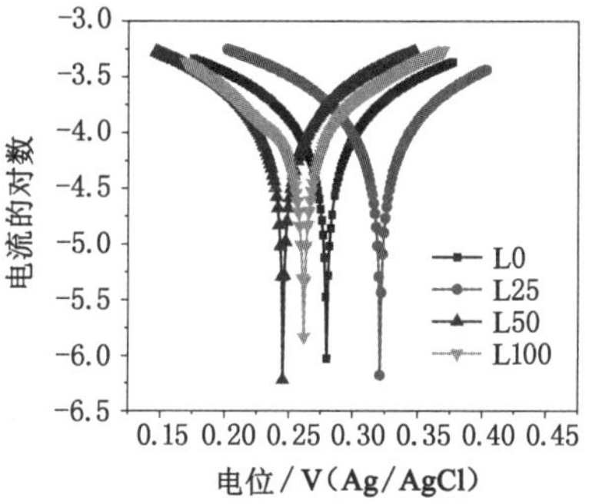

(g) MFC的Tafel曲线

图 3.1　双室 MFC 的性能

如图 3.1(d)所示,从开路模式下获得的极化曲线可知,L0、L25、L50 和 L100 的表观内阻依次是 960.15 Ω、782.55 Ω、1 004.7 Ω 和 1 439.7 Ω,高浓度老龄垃圾渗滤液中的阳离子可能抑制了 H^+ 从阳极向阴极的迁移,进一步导致电子转移速率下降[224-225]。

如图 3.1(e)所示,奈奎斯特图可用于分析 MFC 的内阻组成,高频区显示的半圆和低频区显示的直线表明基质氧化受活化控制和扩散控制两方面的影响。基于电化学阻抗谱的等效电路和拟合数据结果,见图 3.1(f)和表 3.5。由此可见,恒元件(CPE-P)的分散系数在 0.5~1,进一步表明电极表面受到分散作用的影响[226]。另外,在每个 MFC 中,阴极和阳极室的总溶液电阻(R_s)本质上是相同的,而电荷转移电阻(R_{ct})在每个 MFC 中是不同的,等于阳极(R_{ct}-a)和阴极(R_{ct}-c)的电荷转移电阻之和。R_{ct}-c 分别占 L0～L100 总电阻的 45.58%、41.2%、67.4%和 62.1%,表明电荷和质子转移电阻主要是由于附着的阴极生物膜及其代谢产物阻断了电子转移通道。L25 的 R_{ct}-c 的最小,仅为 322.3 Ω,这是因为存在较高电子介质浓度和足够的电子受体所致。阴极液对产电是至关重要的,EIS 的结果进一步证实了降低电子传递电阻有利于提高输出功率密度。

如图 3.1(g)所示,Tafel 曲线是分析电极电位与极化电流关系的重要手段;表 3.6 所列为 Tafel 极化区拟合后的斜率和交换密度等参数。由表 3.6 可知,L25 和 L50 的 Tafel 斜率较小,分别为 25.8 mV/dec 和 26.4 mV/dec,表明两者与 L0 和 L100 相比具有更好的微生物电催化活性、更快的电子转移速率和更低的活化能损失。L25 具有较高的交换电压(322 mV)和交换电流密度(34.9 μA),展示了生物阴极具有较高的热力学稳定性,对电极电位变化的响应速度更快,有利于垃圾渗滤液与好氧污泥协同作用,可以产生更大的代谢反应空间,形成更高的微生物密度。上述结果也阐明了图 3.1(a)和图 3.1(b)中电压等参数随垃圾渗滤液占比发生变化的原因。

表 3.5　奈奎斯特拟合相关参数

垃圾渗滤液	L0	L25	L50	L100
R_s/Ω	345.5	478.5	466.8	350.6
R_{ct}-c/Ω	258.3	148.5	99.41	246.4
CPE-c-T/F	1.57×10^{-6}	1.96×10^{-6}	1.19×10^{-6}	1.56×10^{-6}
CPE-c-P	0.82	0.77	0.80	0.77
R_{ct}-a/Ω	473.7	322.3	677.2	894.4
CPE-a-T/F	0.009 4	0.007 6	0.006 2	0.009 1
CPE-a-P	0.59	0.57	0.52	0.63

表 3.6　Tafel 曲线极化区拟合参数

MFC	β_c/(mV・dec^{-1})	β_a/(mV・dec^{-1})	起始电位/mV	交换电压/mV	交换电流/μA
L0	41.6	63.1	279	282	31.6
L25	25.8	63.4	305	322	24.9
L50	26.4	47.8	250	254	34.9
L100	47.5	68.8	273	270	26.3

注:β_c 和 β_a 分别为阴极和阳极 Tafel 斜率。

3.2.2　电化学特征

CV 曲线是基于氧化还原峰表征微生物燃料电池电极表面的产电活性和催化性能的重要方式。图 3.2 所示为 L0、L25、L50 和 L100 的 CV 曲线及电流与扫描速率的拟合曲线。

如图 3.2(a)所示，L0、L25、L50 和 L100 均出现明显的氧化还原峰，说明氧化还原介质以电子穿梭的形式参与氧化还原反应，并在阳极电子转移中发挥重要作用[121]。L25 的氧化峰电位最高(0.194 V，Ag/AgCl)和还原峰电位最大(−0.193 V，Ag/AgCl)，说明添加适当的垃圾渗滤液与好氧污泥混合后，阴极的电催化氧化能力更强或存在更多的氧化还原物种。

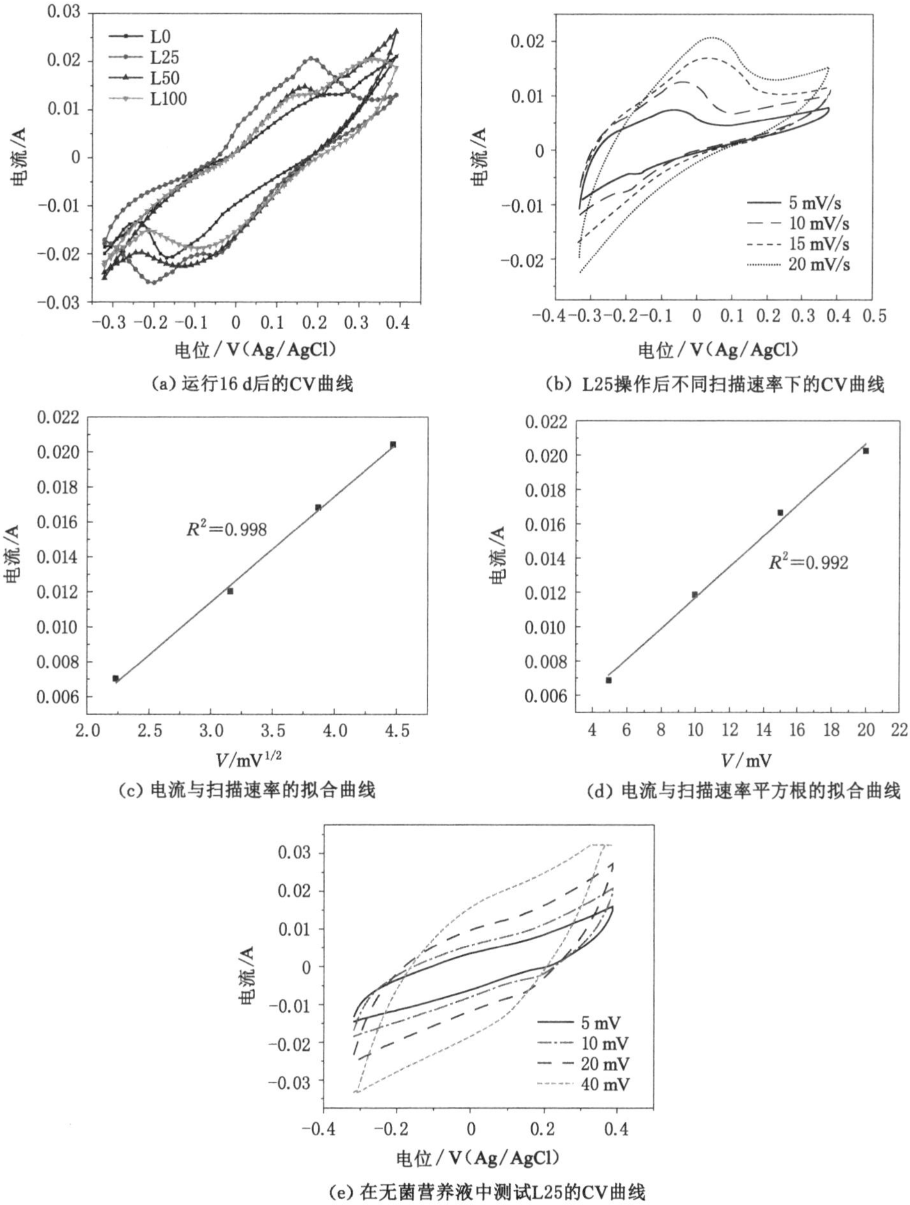

(a) 运行16 d后的CV曲线

(b) L25操作后不同扫描速率下的CV曲线

(c) 电流与扫描速率的拟合曲线

(d) 电流与扫描速率平方根的拟合曲线

(e) 在无菌营养液中测试L25的CV曲线

图 3.2　L0、L25、L50 和 L100 的 CV 曲线及电流与扫描速率的拟合曲线

图 3.2(b)展示了 L25 在运行后，氧化峰电位相对于运行前明显向左侧移动，但未见明显的还原峰，说明其电氧化还原行为受到催化剂活性的限制，从而导致微生物代谢下降。

图 3.2(c)和图 3.2(d)的拟合曲线显示，峰值电流与扫描速率和扫描速率的平方根分别呈线性关系，表明同时受到扩散控制和吸附控制[227]。扩散控制时电流取决于物质的扩散速率，吸附控制时电极反应速度受电极表面电活性物质吸附速度的调节。换言之，电极上的电化学反应是一个不可逆的同时受扩散和吸附控制的反应，两者协同提高了电子在生物膜和电极之间的传递速率。

图 3.2(e)所示的无菌营养液中没有明显的 CV 氧化峰，代表底物浓度对微生物代谢和催化作用有着重要影响。

上述结果表明，在氧化还原过程中，从底物释放的电子被电解质和电极生物膜中活跃细胞酶中带走，说明电能输出的机制是电子通过带有膜结合酶的细菌间接转移到了电极[228]。

3.2.3 底物中污染物的去除效果

如图 3.3 所示，在阳极和阴极室中，有机物和无机氮等污染物被有效地去除。随着阳极室运行时间的延长，阳极液中 COD 去除率逐渐提高，说明微生物可以逐渐适应压裂返排废水(SGFW)，厌氧微生物在阳极上的代谢初步增加。已有研究表明，MFC 处理高浓度有机

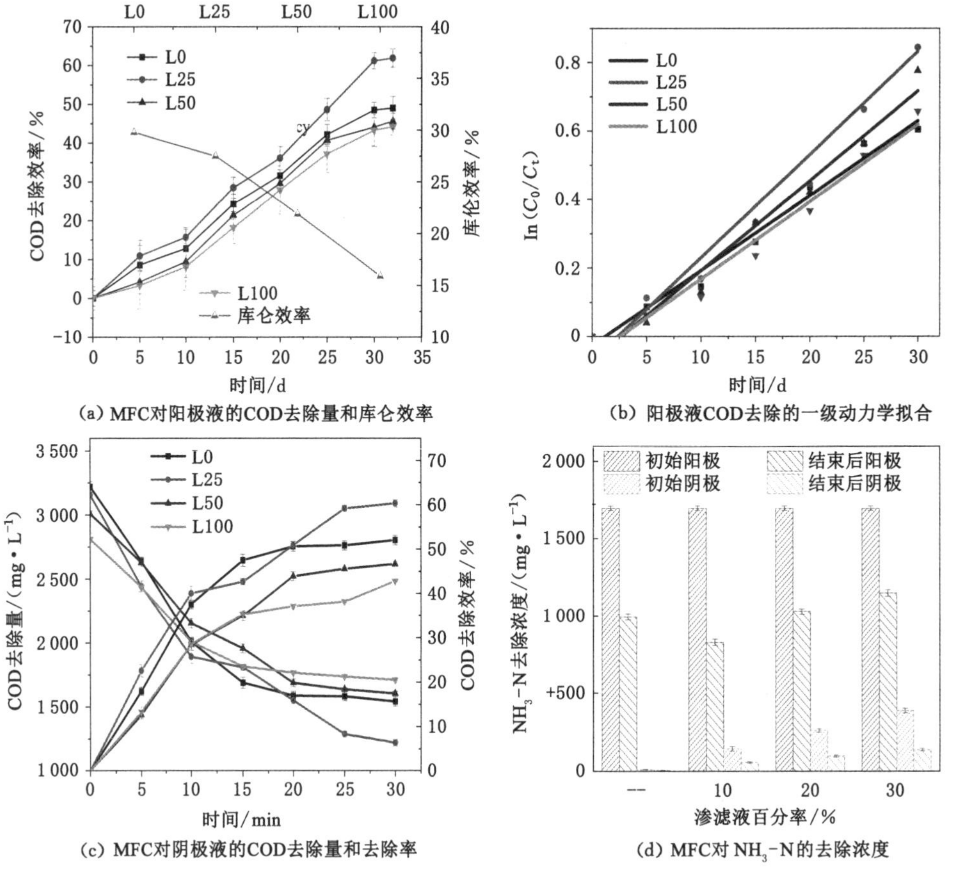

(a) MFC对阳极液的COD去除量和库仑效率

(b) 阳极液COD去除的一级动力学拟合

(c) MFC对阴极液的COD去除量和去除率

(d) MFC对 NH_3-N的去除浓度

图 3.3　双室 MFC 处理压裂返排废水

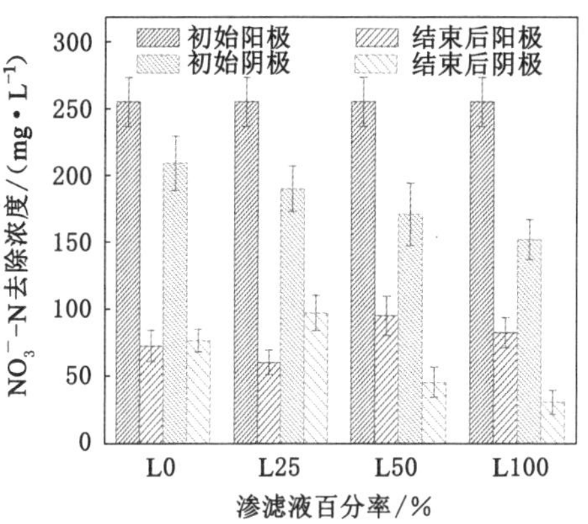

(e) MFC对NO_3^--N的去除浓度

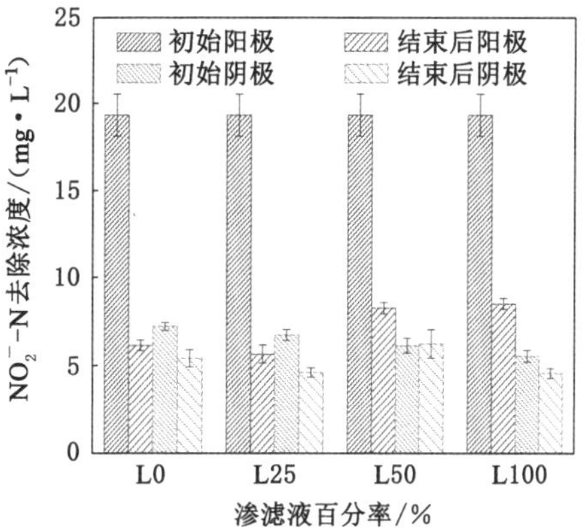

(f) MFC对NO_2^--N的去除浓度

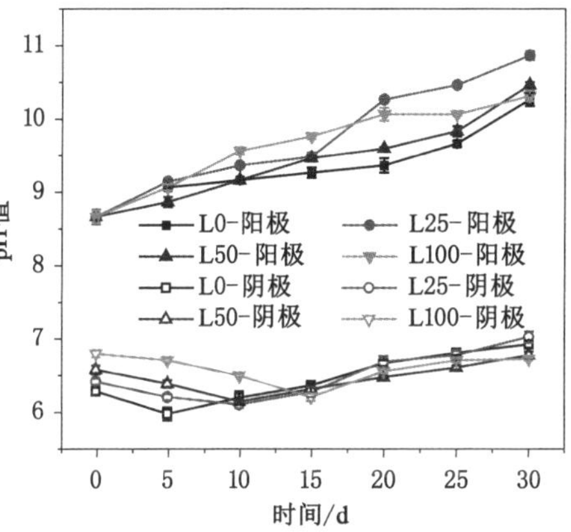

(g) MFC处理废水的pH值变化曲线

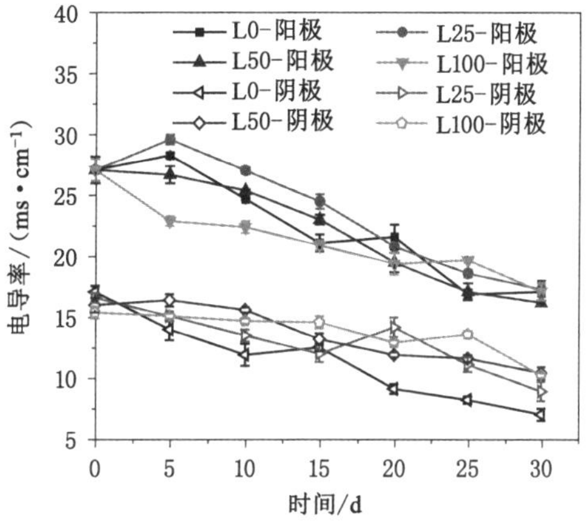

(h) MFC处理废水的电导率变化曲线

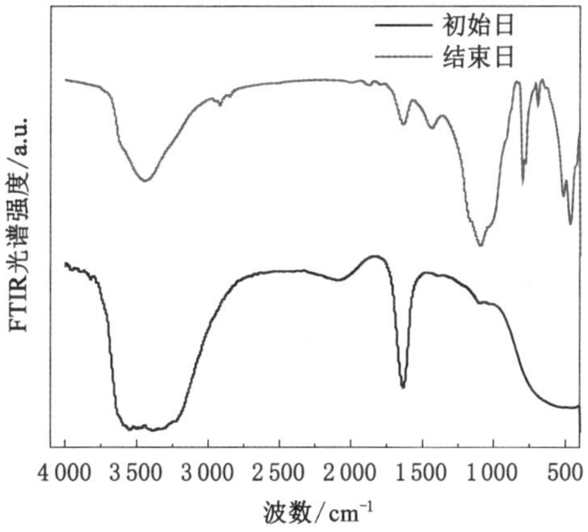

(i) L25阳极底物在运行初始及结束后的FTIR光谱

图 3.3　(续)

废水的 COD 去除率约为 50%[229]；而 L25 阳极室的 COD 去除率高达 61.9%±2.4%，说明悬浮液中富含碳源和氮源，有利于细菌生长和新陈代谢作用[230]，在长期操作中可以有效地去除底物中大量的有机污染物。

图 3.3(a)显示了不同 MFC 的库仑效率值，L0 和 L25 的库仑效率分别为 29.8%和 27.5%，而 L50 和 L100 的库仑效率仅为 21.9%和 15.9%，这是由于氧从阴极转移到了阳极和底物氧化产生了部分电子[231]。此外，高浓度的老龄垃圾渗滤液会降低系统电导率，从而进一步降低库仑效率和功率密度的产生。COD 去除率线性拟合曲线表明，COD 降解为一级反应[图 3.3(b)]。L25 和 L0 的阴极液对 COD 去除率分别为 60.3%±0.8%和 52.6%±1.1%[图 3.3(c)]，表明好氧或兼性微生物可以有效地利用垃圾渗滤液碳源进行生物质合成和胞外电子代谢。而研究结果与之前的报告相契合表明，适当浓度的有机物对 MFC 发电至关重要[232]。

与传统生物异养反硝化相比，本书介绍的 MFC 在启动过程中避免了外部有机碳源的添加，大大降低了生物反硝化的成本，实现了废水的可持续处理。图 3.3(d)和图 3.3(e)表明，各 MFC 的 NH_3-N 和 NO_3^--N 浓度分别发生了一定程度的降低，L25 的阳极室和阴极室 NH_3-N 最大去除率分别为 51%±1.2%和 62.9%±3%。具体原因如下：

(1) 反硝化氨氮氧化菌将有机底物中的电子供体 NH_4^+ 氧化为 NO_2^--N。

(2) NH_4^+ 通过 PEM 从阳极室转移到了阴极室，以维持产电过程中的离子平衡，增加其在阳极室中的消耗[233]。

(3) 阴极室的好氧条件更有利于硝化，NH_3-N 被自养好氧硝化细菌氧化为 NO_3^--N 和 NO_2^--N。同时，根据图 3.3(f)可知，阴极室中 NO_2^--N 略有增加，因为高浓度的氧抑制了阴极室的反硝化过程[234]，所以 NO_2^--N 浓度没有显著降低。

为了进一步解释不同阴极液组成对 MFC 的发电和去除污染物的变化，测量了运行期间溶液的 pH 值和电导率，分别如图 3.3(g)和图 3.3(h)所示。在阴极室运行前期，pH 值降低到中性以下，可能会抑制产电细菌的生长，导致输出电压不断发生波动，符合图 3.1(a)的变化规律，后期恢复到接近中性的状态(6.76～7.06)，促进了输出电能的提升。30 天内阳极室 pH 值呈逐渐升高趋势，这主要是由于压裂返排废水中的有机物降解产生 H^+，H^+ 被转移到阴极室以维持质子平衡。pH 值为 10～11 时，NH_4^+ 可以快速转化为 N_2[235]。电导率是表征离子浓度的一个重要指标。如图 3.3(h)所示，所有的 MFC 的电导率都不是稳定的。L25 的高电导率表明，由于欧姆电阻的降低而产生的高浓度的导电离子增加了发电量，因而以一定含量的垃圾渗滤液为阴极的 MFC 处理实际的页岩气压裂返排废水具有较好的性能。

利用 FTIR[图 3.3(i)]观察了阳极底物官能团在运行第一天和最后一天的变化。在 3 500 cm^{-1} 附近为羟基官能团(—OH)的伸缩振动吸收峰；在 1 650 cm^{-1} 和 1 611 cm^{-1} 处观察到 C═O 伸缩振动峰；在 MFC 结束反应后，峰强度明显降低，说明微生物的原位氧化降低了含氧官能团的存在。起初，在 1 089 cm^{-1} 和 787 cm^{-1} 处的吸收峰是由乙醇(分别为 C—OH 和 C—H)的面外弯曲振动和拉伸振动引起的。运行结束后，由于微生物的原位氧化还原作用，含氧官能团消失，表明阳极室具有较高的电化学活性，无须任何预处理即可直接完成压裂返排废水中高有机物和高含氮物质的降解。在对其他高浓度发酵废水的降解历程进行探究时，也发现了同样的结果[236]。

3.2.4 MFC 降解压裂返排废水的机理

3.2.4.1 16S rRNA 微生物群落

分别从 L25 阳极启动阶段(L25-AS)和 L25 阳极运行结束时(L25-AF)、L0 运行结束时的阴极(L0-CF)和 L25 运行结束时的阴极(L25-CF)4 个生物膜提取微生物，进行结构测试和分析。表 3.7 展示出微生物测序中 4 个生物膜样品文库的覆盖率均大于 0.99，说明高通量测序结果准确合理。L25-AS 和 L25-AF 中的 ACE 值和 Chao 值分别为 544.52、562.88 和 758.29、674.69，说明 L25-AS 具有较高的微生物丰度，L25-AF 中存在更广泛的特定微生物群落[237]。群落的丰富度指数(Chao)和操作分类单元数(OTUs)表明，L25-CF 的胞外电子氧化还原电位和细菌富集能力明显高于 L0-CF。香浓指数、辛普森指数和 ACE 值表明，L0-CF 生物膜中群落的多样性高于 L25-CF，表明垃圾渗滤液的引入对阴极液中群落结构的多样性有显著影响。

表 3.7　基因克隆文库微生物群落及多样性信息(16S rRNA)

样品	相似阈值	生物多样性指标		有效序列	丰度指标			
		香农指数	辛普森指数		OTUs	ACE	Chao	平均值
L25-AS	97%	4.00	0.062	42 888	401.00	758.29	674.69	0.998
L25-AF		3.31	0.062	47 692	697.00	544.52	562.86	0.999
L0-CF		4.49	0.022	40 499	453.00	473.63	472.63	0.999
L25-CF		4.37	0.033	49 306	563.00	602.70	599.85	0.998

L25-AS：L25 阳极的启动阶段，L25-AF：L25 运行结束后的阳极，L0-CF：运行结束后的 L0 阴极，L25-CF：运行结束后的 L25 阴极门水平微生物的群落分析(图 3.4)显示，丰度占比为 40.72%～45.76%的 Proteobacteria 以及丰度占比为 8.1%～14%的 Bacteroides 两类兼性细菌主导了 L25 厌氧阳极室的整个运行过程。Zhang 等[221]的研究表明，这些细菌是重要的产电和降解有机物的微生物，容易在微生态电化学环境中生存，并快速进行芳烃的厌氧氧化[238]。在 L25-AF 中，富集的厚壁菌门(占比为 41.92%)可以加速胞外电子的传递和对实际废水中复杂有机物的降解，且该门能够产生内生孢子，帮助其他微生物在恶劣的条件下生存[239-240]。在长期发酵发电的复杂废物堆积环境中，Chloroflexi、酸杆菌门(Acidobacterial)、Patescibacteria 和瓦养菌门(Synergistetes)的丰度略有下降，这与之前对真实有机酸废水的接种结果相似[236]。与 L0-CF 相比，L25-CF 的 Proteobacteria 和 Bacteroides 在阴极好氧环境中的相对丰度分别从 54.83%和 9.89%提高到 57.09%和 14.22%。其他反硝化和硝化细菌包括放线菌(12.92%～20.73%)和 Thermus(6.28%～7.01%)都在阴极发生了富集，这些细菌可以将底物分解为蛋白酶、淀粉酶、纤维素酶、维生素 B12 和有机酸。因此，门菌的选择性富集为 MFC 改善异养硝化作用和提高电学性能提供了基础。

纲水平微生物的群落结构如图 3.5 所示。在 L25-AS 中，菌群结构中的 Gammaproteobacteria、Alphaproteobacteria、Bacteroidia 和 Actinobacteria 在可持续发电和碳水化合物降解方面发挥着重要作用[241]，这几类菌在 L25-AS 和 L25-AF 中群组相对丰度分别为 39.2%、5.6%、10.3%、3.3%、22.7%和 16.5%、7.3%、2.2%。在有机废水厌氧发酵过程中，以反硝化和产氢著称的梭状芽孢杆菌(Clostridia)在 L25-AS 中为 15.1%，而在 L25-AF 中为 36.2%。在阳极上发现的芽孢杆菌，由于其在电化学活性中主要负责电子转移，因而本介绍的 MFC 中有大量芽孢杆菌增长(从 L25-AS 的 0.3%增加到 L25-AF 的 5.1%)。在 L25-AF 中，有 2%的 Gemmatimonadetes、2.9%的 Chlamydiae 和 1.5%的 Deltaproteobacteria 可作为生物肥料生产过程的孕育剂，生物肥料还将复杂化合物氧化为能量资源，并且将其他离子氧化成更高

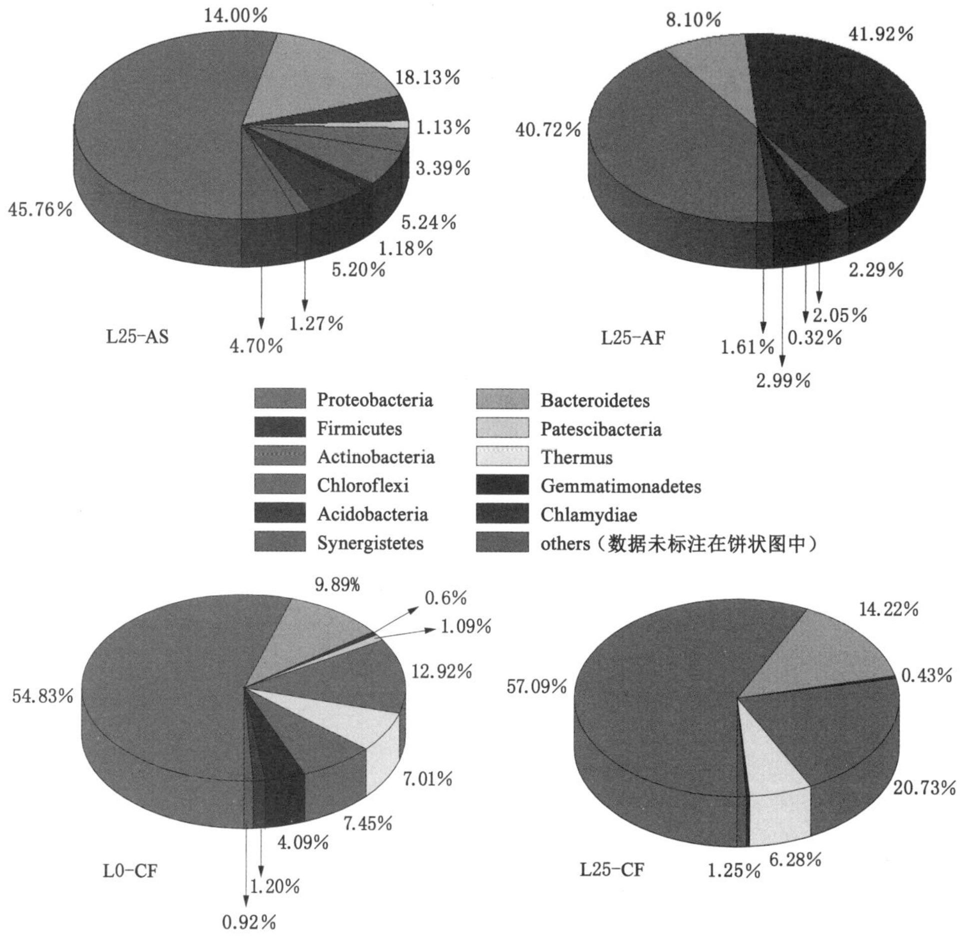

图 3.4 门水平微生物序列

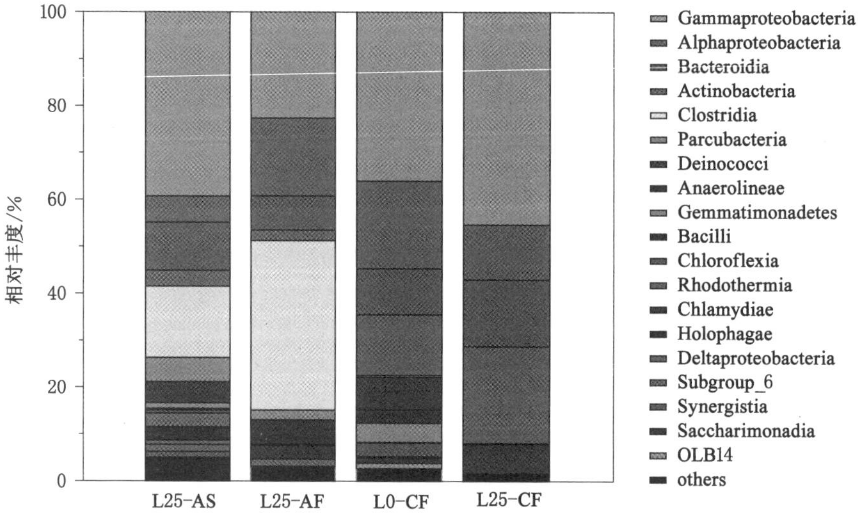

图 3.5 纲水平微生物的群落结构

的价态。Deltaproteobacteria 是一种严格的革兰氏阴性厌氧菌，具有辅助可溶性氧化还原介质的硫还原能力。以上结果表明，阳极生物膜逐渐适应了返排废水中的复杂组成。通过严格的淘汰和筛选，存活下来的微生物形成了电化学活化菌群，支持有机物厌氧发酵成小分子。

在图 3.5 所示的 L25-CF 中，Gammaproteobacteria（45.3%）、Alphaproteobacteria（14.2%）、Actinobacteria（11.8%）和 Bacteroidia（20.7%）的相对丰度显著增加，可以促进阴极液中 COD 的去除、硫酸盐的还原和胞外电子的产生。因此，这 4 类菌的总丰度（92%）远高于 L0-CF 的74.4%。Deinococci（Thermus）在 L0-CF 和 L25-CF 中有较高的比例，分别为 6.3%和 7%；而 Deinococci 能够显著增强硝化作用，并能够对甲烷氧化产生剂量效应[242]。在 L0-CF 和 L25-CF 中，其他细菌包括 Anaerolineae、Gemmatimonadetes 和 Chloroflexia 的数量在减少。Anaerolineae 和 Chloroflexia 的相对丰度降低与产电量和有机物降解微生物的增加有关，在其他微生物群落分析中也有类似的结果报道[243]。此外，L25-CF 中微生物多样性的减少是由于垃圾渗滤液中的酶与蛋白质上的巯基官能团结合，导致蛋白酶活性的丧失和微生物的死亡，而浸出液浓度增加对阴极微生物群落组成具有生物选择作用。因此，这些对比结果说明了产电菌和有机降解菌的均匀度和相对丰度是相互促进的[244]。

热图和分级聚类通过颜色梯度和相似度来反映各分类层次上群落组成的异同[245]。图 3.6 的分层聚类分析（热图顶部）显示，基于科水平，从早期接种到完全驯化，阳极生物膜

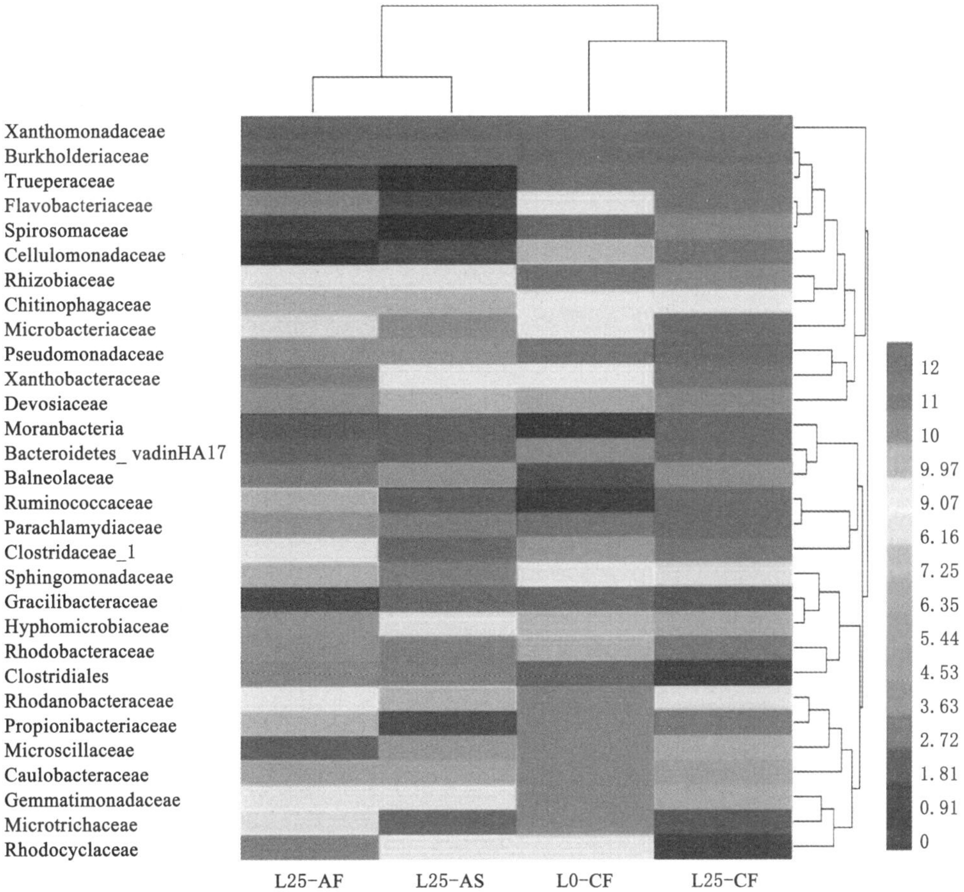

图 3.6　基于科水平的 L25-AF、L25-AS、L0-CF 和 L25-CF 热图

的多样性是稳定的。然而在种簇树上，阴极生物膜（L0-CF 和 L25-CF）由好氧反硝化集团 X-xanthomonidaceae 和 Burkholderiaceae 组成（热图左侧），其以快速收集电子和生物降解性著称。

图 3.7 的科主成分分析（PCA）显示，各生物膜主要在 PC1 和 PC2 方向发生了延展，分别是 46.30％的 PC1 和 28.57％的 PC2。L25-AF 和 L25-CF 在群落结构上都表现出明显的差异，有力地证实了垃圾渗滤液的引入对阴极电解质沉积物中微生物群落结构的影响。稀疏曲线显示（图 3.8），序列体积合理地代表了微生物群落。

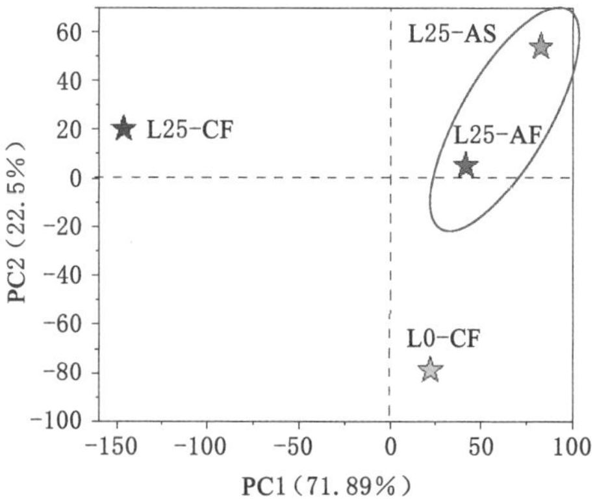

图 3.7　基于科水平的 OTUs 的电极生物膜样本

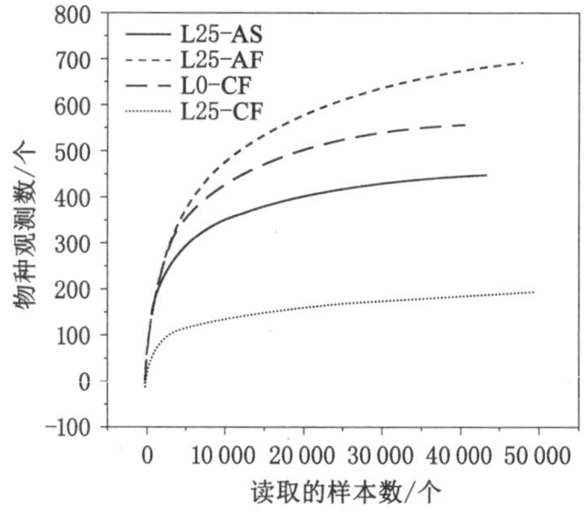

图 3.8　L25-AF、L25-AS、L0-CF 和 L25-CF 微生物群落的稀疏曲线

3.2.4.2　生物膜表征分析

由图 3.9 可以看出，在运行周期结束时，L25 阳极和阴极材料上都附着了透明的黑色生物膜。阳极碳毡的碳纤维结构致密，比表面积大，有利于微生物附着，增加了电极的活性面积（图 3.10）。在图 3.11 中，阴极碳布的碳纳米管孔隙率较大，结构蓬松，为胞外电子生长提供了足够的空间。如图 3.10 所示，阳极生物膜积累了大量细菌菌落，呈现不规则的薄片代表着微生物群落的不同结构，进一步证实了微生物群落结构的多样性和复杂性。阴极生物膜的SEM显示，丝状细胞和球形细菌形成细菌胶束，附着在表面，相互连接（图3.11）。以上结果表明，电极上形成了良好的细菌形态，提高了MFC的产电性能。据此，我们提出了同步去除有机物、氮和产电的机理，如图3.12所示。

(a) L25阳极

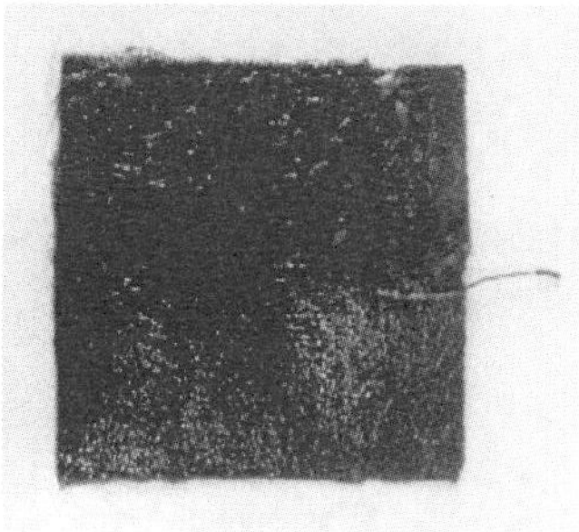

(b) L25阴极

图3.9　L25的阳极照片和阴极照片

(a) 阳极生物膜

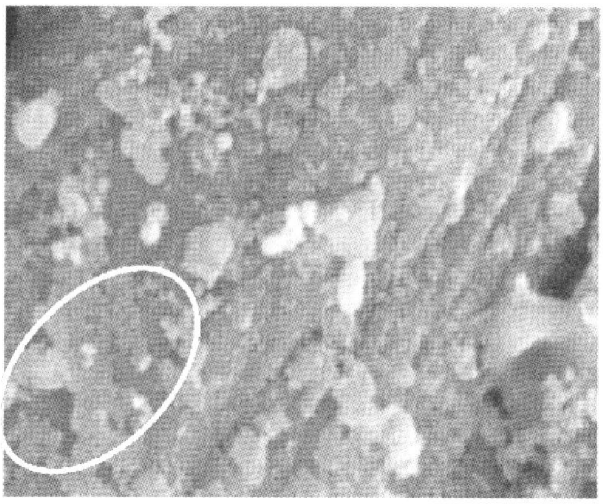

(b) 阳极生物膜

图3.10　阳极生物膜的SEM

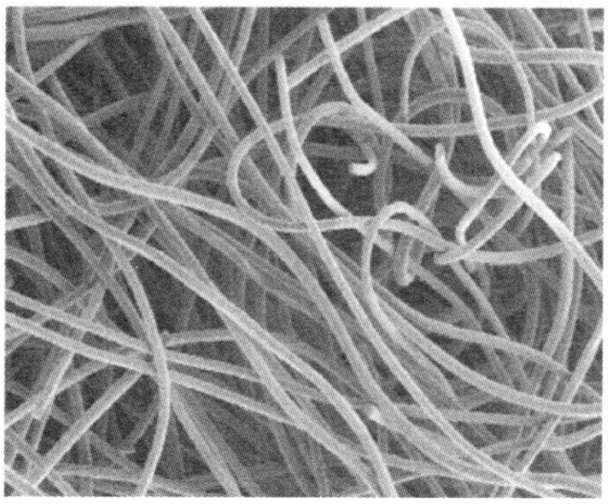

(a) 阴极生物膜

(b) 阳极生物膜

图3.11　阴极生物膜的SEM

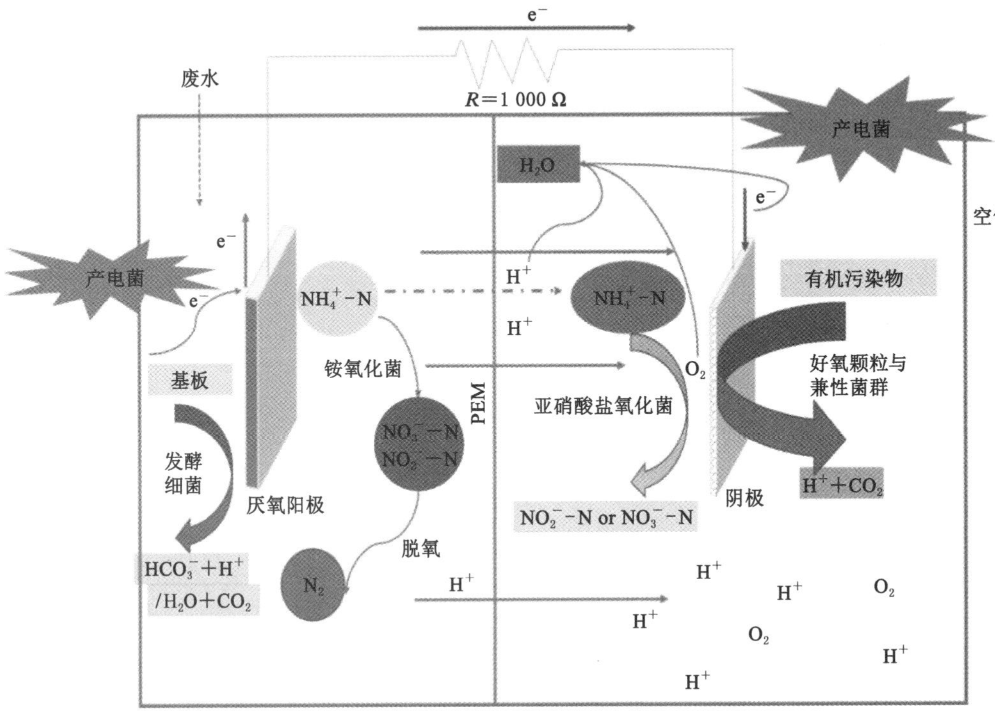

图 3.12　双室 MFC 的原理及其对压裂返排废水的降解机理

3.3　影响 MFC 处理页岩气钻井废油基泥浆的因素研究

基于油基泥浆是较难处置的油气田废物，采用单因素实验法重点考察了底物浓度、岩屑颗粒浓度和阳极区搅拌速率对 MFC 产电性能和污染物去除效率的影响。本部分研究中阴极液采用 25%(体积分数)的老龄垃圾渗滤液和 75%(体积分数)的好氧污泥组成。

3.3.1　油基泥浆浓度对 MFC 性能的影响

不同浓度泥浆的输出电压曲线如图 3.13(a)所示。从图 3.13(a)可以看出，当泥浆浓度由5 g/L 增加到 10 g/L 时，输出电压显著增加，可能是基体提供了更为充足的电子供体，促进了产电菌快速繁殖。同时，由于底物逐渐被消耗，微生物生长速度减缓，代谢能力减弱，电压上升幅度减缓，并逐步趋于稳定。当底物浓度大于 10 g/L 时，电压反而下降，说明高浓度的有机质抑制微生物活性，不利于电子和质子的传递。

不同泥浆浓度下的功率密度曲线如图 3.13(b)所示。功率密度主要是阴极液和阳极液的极化造成的，本组实验中阴极液组成基本一致，在泥浆浓度为 10 g/L 时，获得的最大功率密度为(274.14±17.45) mW/m^2，说明较小浓度的有机质即能满足微小空间内产电菌的正常代谢和产电，同时从细菌代谢角度来讲，阳极液中底物的浓度不宜过高。

由图 3.13(c)的极化曲线可以拟合出 5～30 g/L 的开路电位，分别为 674 mV、749 mV、

555 mV 和 569 mV,进一步表明适当浓度的底物对发电性能有着至关重要的影响。然而,在 10 g/L 条件下,内阻仅为 601 Ω,明显低于其他浓度下的内阻。

通过电化学阻抗谱[图 3.13(d)]分析了内阻的组成,不同浓度下的奈奎斯特图具有相同的等效电路图,对应的元器件数据列于表 3.8。由此可见,在高浓度泥浆浓度情况下(>10 g/L),电解液电阻(R_s)提升显著,说明 OBDS 中过量的有机质或有毒有害物质不仅影响电子在电极表面的转移,还会增加腔室内阻,进而影响质子在溶液中的传递。

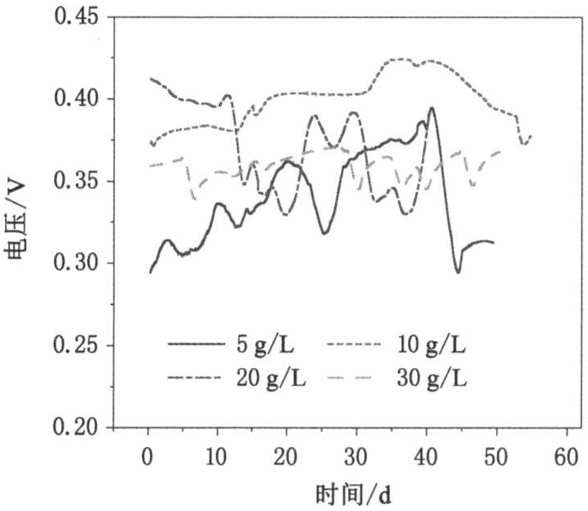

(a) MFC输出电压曲线

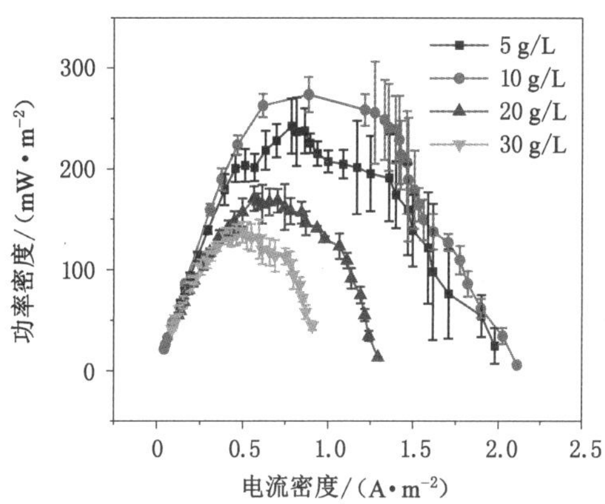

(b) MFC功率密度曲线

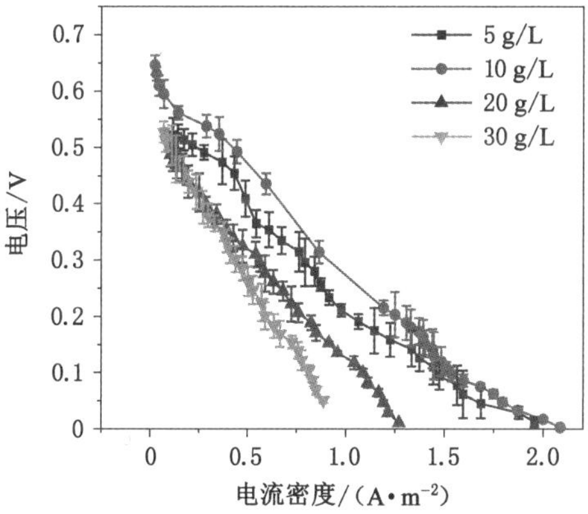

(c) MFC极化曲线

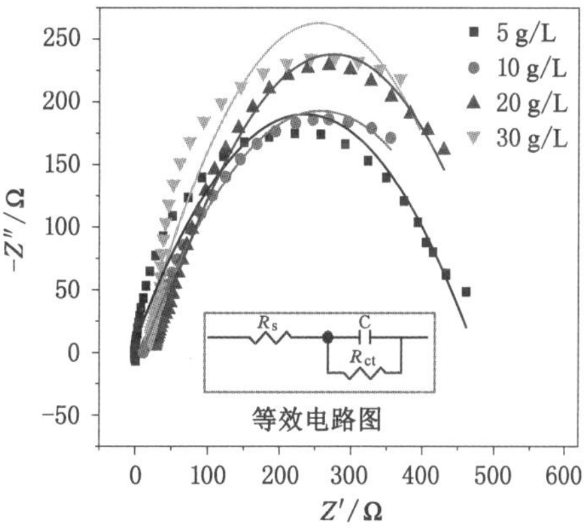

(d) MFC电化学阻抗谱

图 3.13　不同泥浆浓度下 MFC 的产电性能

表 3.8　不同泥浆浓度下的电化学阻抗谱拟合结果

浓度/(g·L^{-1})	5	10	20	30
R_{ct}/Ω	462	358.2	543.1	569.4
R_s/Ω	100.2	54.3	84.9	111.2
C/F	4.12×10^{-3}	5.35×10^{-5}	3.76×10^{-4}	8.12×10^{-4}

3.3.2 搅拌速率对 MFC 性能的影响

图 3.14 所示为不同搅拌速率下 MFC 的性能对比分析。在运行结束之后，不同搅拌速率下的 MFC 输出电压如图 3.14(a)所示。电压在搅拌速率为 50 r/min、100 r/min、200 r/min 开始振荡较大，但很快恢复。在平台期，100 r/min 组产生的平均电压达到 589 mV，大约是200 r/min 组的 2.5 倍。相比之下，对照组(0 r/min)的 MFC 稳定输出，直到操作结束。因此，在适当的搅拌速率下，可以大大增加基质和微生物向电极的转移以及质子从阳极向阴极的扩散，这有利于厌氧或兼性产电细菌的生长和代谢。然而，200 r/min 组的输出电压只有 310 mV，是低于对照组的。较差的性能表明，微生物可以通过外源电子转移生长[246]。

为了更加准确地评估 MFC 的生物电输出，功率密度和极化曲线分别如图 3.14(b)和图 3.14(c)所示。搅拌速率为 100 r/min 时，MFC 的最大功率密度为(625±25.7) mW/m^2，远超过其他 MFC 的功率密度，这是因为降低传质阻力往往会增加基底中与产电相关微生物的代谢效率，以及阳极和阴极间的质子转移[247]。本书中的最大功率密度超过了以原油为底物的 MFC 的 13 倍[248]，说明 OBDS 在 MFC 领域具有很大的发展潜力，为后续研究奠定了坚实的基础。然而，200 r/min 组的最大功率密度仅为(173±7.2) mW/m^2，因为搅拌速率过高导致阳极液无序流动，致使微生物活性下降，所以质子向阴极室的运输更加困难。此外，随

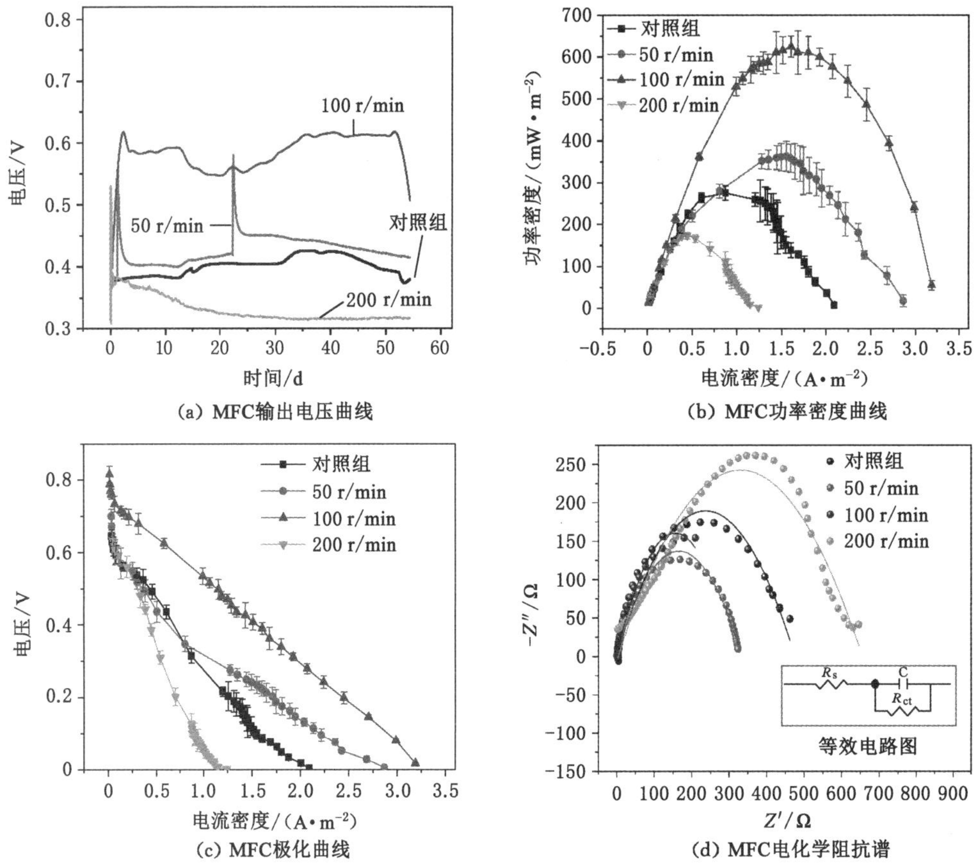

图 3.14 不同搅拌速率下 MFC 的性能对比分析

着剪切应力的增大，挥发性悬浮物中含有活性微生物的有机质比例可能会降低，不利于微生物的吸附生长以及产电细菌将电子转移到阳极表面，这与之前的报道一致[119]。

由图 3.14(c)可知，对照组和 50 r/min、100 r/min 和 200 r/min 时的表观内阻分别为 601 Ω、415 Ω、435 Ω 和 973 Ω，且 100 r/min 组的开路电压为 749 mV，远高于其他 3 组不同搅拌速率的 MFC，说明适宜的搅拌速率可能会增强细菌的黏附力、生物电活性和底物的生物相容性，进一步加速阳极生物膜的形成和生长[249]。有学者认为，在高剪应力和低剪应力条件下，富集的微生物群落和结构完全不同，这会进一步影响开路电位和最大电流密度[113]。

为了更好地确定总内阻的组成以及分析搅拌影响内阻差异的原因，根据奈奎斯特图和对应的拟合数据，得到等效电路分别如图 3.14(d)和表 3.9 所示。电荷转移电阻(R_{ct})表示与电子转移相关的电化学控制反应动力学的电阻。100 r/min 组的 R_{ct} 仅为 235.5 Ω，较低的 R_{ct} 进一步表明，适当的剪切应力显著降低了 H^+ 和产物从阳极表面向主溶液的扩散阻力，从而提高了功率密度。值得注意的是，200 r/min 的溶液电阻(R_s)为 142.6 Ω，高于其他 MFC。这一结果表明，上清液的污泥絮体浓度随着搅拌速率的增加而增加，提高了电解质的电阻和膜的电阻[119]。同时，随着搅拌速率增大，污泥絮凝体碎裂程度更加严重，污泥体积平均粒径变小，污泥相对疏水性降低，最终导致溶液电导率和发电量下降。以上结果表明，有效的生物膜是促进阳极电子传递和发电的必要条件。综上所述，MFC 处理废油基泥浆的最佳搅拌速率为100 r/min。

表 3.9　不同泥浆浓度下的奈奎斯特图拟合后的参数数据

转速/($r \cdot min^{-1}$)	0	50	100	200
R_{ct}/Ω	358.2	283.2	235.5	425.4
R_s/Ω	54.3	73.2	82.5	142.6
C/F	5.35×10^{-5}	6.62×10^{-5}	4.75×10^{-4}	5.49×10^{-7}

3.3.3　岩屑浓度对 MFC 性能的影响

如图 3.15(a)所示，底物对微生物的适应期基本不变，这可能归因于成功的微生物接种和在阳极上富集的较厚的生物膜[250-251]。岩屑浓度为 2 g/L 的 MFC 输出电压运行 10 d 后保持在 525 mV 左右，且该值随着时间的延长仅略有下降。以上结果，较低浓度的岩屑可以显著提高阳极表面基质供应和产电细菌生物膜的生长速度，添加甲壳素生物质也可以得到类似的结果[252]。而高浓度的岩屑(>2 g/L)具有明显的抑制作用导致 MFC 性能下降，这是因为高浓度的颗粒底物在阳极表面产生机械障碍，限制了有机物作为微生物的电子给体[253]。

如图 3.15(b)所示，随着岩屑浓度的增加，功率密度依次为(274±17.43) mW/m^2、(377±43.48) mW/m^2、(530±48.26) mW/m^2、(283±11.37) mW/m^2 和(210±17.65) mW/m^2。研究表明，产电功率不随岩屑浓度(>2 g/L)增大而增加，这是由于过量的底物导致电子供体扩散受到抑制，进一步导致部分电活性细菌可能不适于驯化[253-254]。

极化曲线和奈奎斯特图分别如图 3.15(c)和图 3.15(d)所示。随着岩屑浓度的增加，内阻呈现先增大后减小的趋势，内阻值分别为 601 Ω、506 Ω、519 Ω、612 Ω 和 577 Ω。奈奎斯特图的 R_{ct} 和 R_s 值显示了岩屑附着和生物膜形成对 MFC 的影响，对应的拟合值见表 3.10。

随着岩屑量的增加，奈奎斯特图的曲线形状发生变化。当岩屑浓度为 6 g/L 时，低频区域的直线明显延伸（该条件下的等效电路图与其他 MFC 不同），说明高浓度的岩屑使电极与电解质之间的电荷运输动力相互作用减慢，从而阻碍了胞外电子的传递。此外，在 6 g/L MFC 的等效电路中发现了 Warburg 元件（Z_w），表明基底或电子在电极表面的扩散电阻增大，这进一步揭示了功率密度降低的原因。在 2 g/L 岩屑下，最大电流密度为 2.66 A/m^2，是 Yang 等[255]（在相同外阻下）测量到的空气阴极 MFC 中处理模拟返排废水的 1.6 倍。这揭示了岩屑作为阳极室中的活性粒子，可以大大加快表面电导率和胞外电子传递，进而提升产电性能[136]。

(a) 阴极生物膜

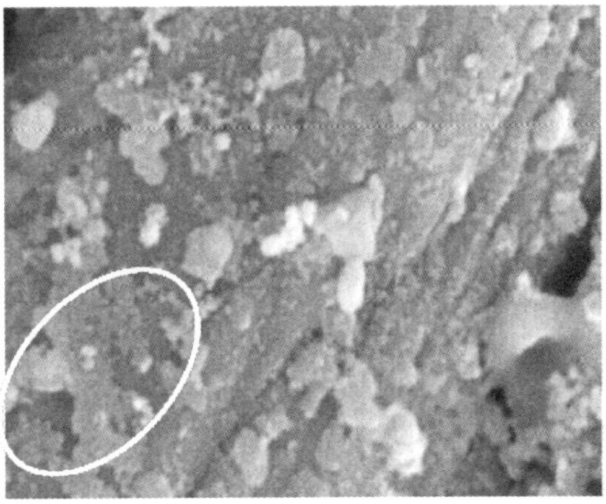

(b) 阳极生物膜

图 3.15 不同岩屑浓度下的性能对比结果

表 3.10 不同岩屑浓度下的奈奎斯特图拟合参数值

流速/(g·L^{-1})	1	2	4	6
R_{ct}/Ω	400.2	291.4	348.6	480.6
R_s/Ω	88.6	110.5	207.6	24.7
C/F	6.53×10^{-5}	4.62×10^{-4}	5.32×10^{-7}	—
W/(Ω·$s^{-1/2}$)	—	—	—	38.4
CPE-T/F	—	—	—	1.95×10^{-5}
CPE-P	—	—	—	0.77

注：*W* 代表 Warburg 阻抗。

3.3.4 搅拌速率和岩屑浓度对产电和底物去除的影响

由图 3.16 中的功率密度曲线和极化曲线斜率得到优化条件下（100 r/min＋2 g/L）的最大功率密度和内阻，分别为（671±42.4）mW/m^2（5.4 kW·h/m^2±0.34 kW·h/m^2）和 406 Ω。值得注意的是，优化条件下的功率密度是对照组（10 g/L 的泥浆）的 2.4 倍。输出电压曲线（图 3.17）和 EIS 的奈奎斯特曲线（图 3.18）表明：当搅拌速度和岩屑同时施加时，微生物产电性能更高，与单独使用的搅拌或岩屑相比岩屑与搅拌速率之间存在良好的协同作用。

阳极基底的 COD 去除率和库仑效率如图 3.19(a)所示。在 100 r/min＋2 g/L 条件下

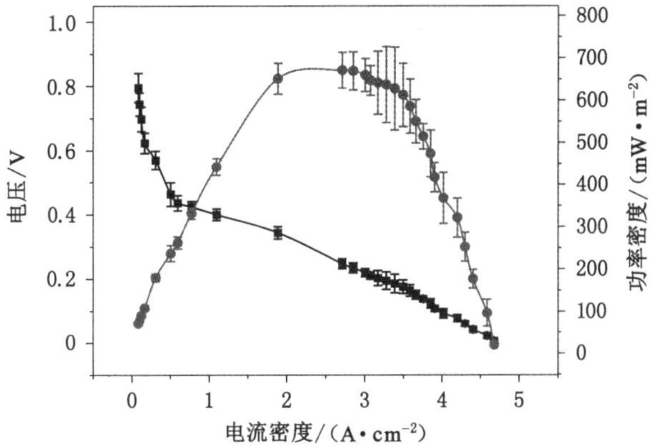

图 3.16　在优化条件下的极化曲线和功率密度曲线

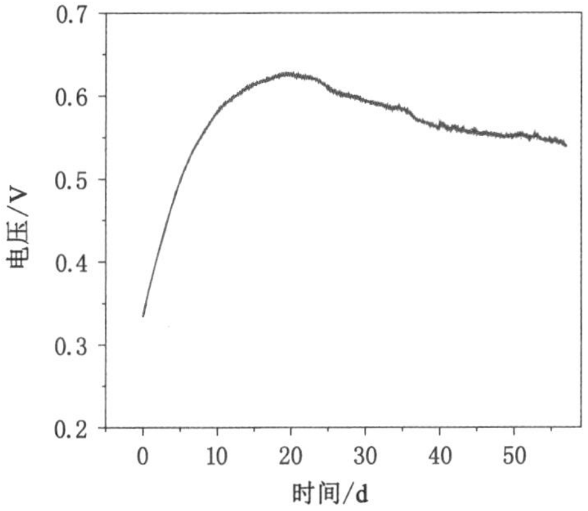

图 3.17　输出电压曲线

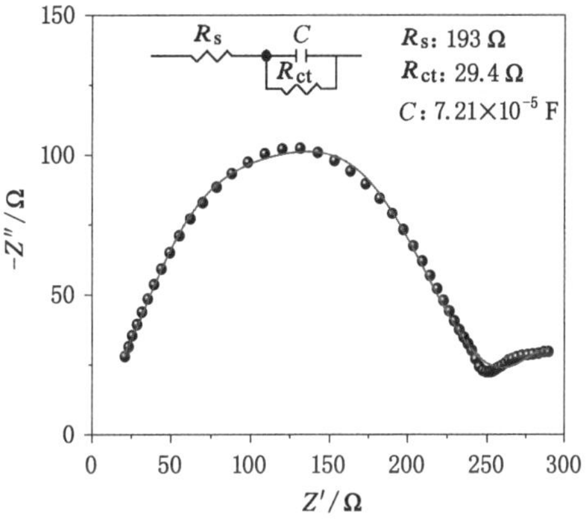

图 3.18　奈奎斯特图及其等效电路图

运行 55 d 后，COD 去除率达到了 52.3%±1.9%，去除量为(12 081±432) mg/L，远高于其他 MFC，且高于活性污泥经过热/碱工艺再经 MFC 处理的降解效率[256]。添加岩屑后并没有降低 COD 的去除率，这是由于阳极液中 OBDC 的存在降低了氧化还原动力，使反应更加彻底，从而影响了阳极产电细菌和脱氢酶的活性[257]。在 100 r/min+2 g/L 条件下平均库仑效率为 34.7%，明显高于其他 MFC。底物降解的动力学与质量浓度有关，因此可以用零级、一级和二级动力学模型来分析 COD 动力学，其中动力学拟合结果如图 3.19(b)至图 3.19(d)所示。三种拟合结果的 R^2 值表明，本书中一级动力学模型具有较高的适用性。

MFC 连续模式对 NH_3-N 降解性能随时间的变化如图 3.20 所示。NH_3-N 去除率在前 20 d 逐渐升高，100 r/min+2 g/L 组达到了 74.5%±0.24%，与 COD 去除趋势不一致，主要是 H^+ 的迁移导致 pH 值升高，使阳极腔室内的挥发性游离氨浓度迅速增加。此外，这些细菌在内部电场的驱动下，部分渗透到阴极室中[258]。阴极室 NH_3-N 的初始去除率(20 d 内)支持了这种可能性[图 3.20(b)]。由于 $NH_4{}^+$ 作为电子受体扩散到阴极区，硝化细菌可能会驱动硝化反应，反应步骤如式(3.1)和式(3.2)所列。下面通过阳极生物膜的功能微生

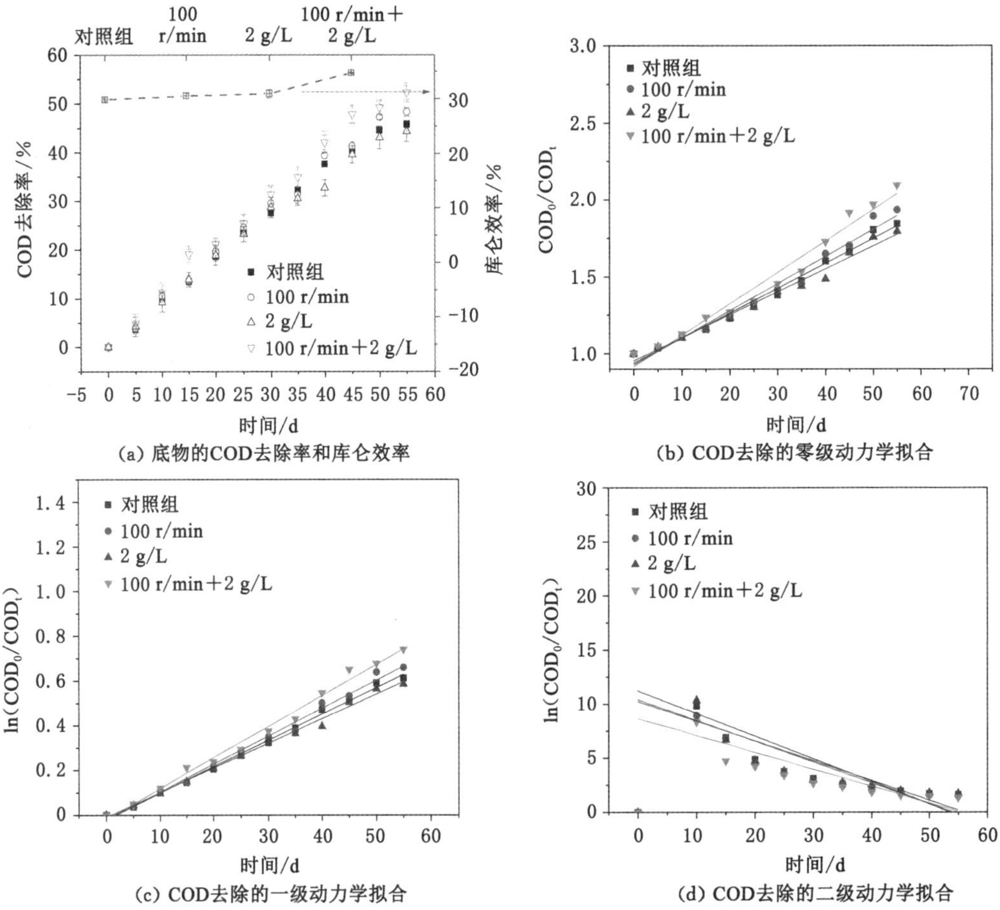

图 3.19　阳极基底的 COD 去除率和库仑效率及 COD 去除的动力学拟合

物群落、发电特性和 16S rRNA 进一步分析氮转化途径。

图 3.20(c)和图 3.20(d)分别展示了水中 NO_3^--N 和 NO_2^--N 浓度随运行时间的变化。在 4 个阳极室中，NO_3^--N 的去除率分别达到 31.7%±1.28%、34.0%±1.13%、39.6%±1.39%和 37.2%±1.09%，说明大容量反应器为异养反硝化细菌提供了厌氧环境和碳源。此外，硝酸盐也是生物电化学系统中常见的电子受体或氧化剂，氨态氮向亚硝酸盐氮和硝酸盐氮的转化增加，导致 NO_2^--N 在阳极室中积累，在第 11 天达到峰值浓度分别为(2.35±0.018) mg/L、(2.40±0.025) mg/L、(2.65±0.022) mg/L 和(2.62±0.024) mg/L。迁移速率和反硝化作用逐渐增加后，去除率逐渐提高。氮的去除机理，特别是通过各种反应去除氮的机理见式(3.3)和式(3.4)。由图 3.20(e)和图 3.20(f)可知，生物阴极的反硝化反应与微生物的代谢活性呈正相关关系。虽然 NO_3^--N 和 NO_2^--N 的浓度变化不大，但是总无机氮(TIN)浓度下降了 58.9%±0.2%，基本实现了以废治废(以部分填埋场陈旧渗滤液为阴极液处理了油基泥浆)的目标。具体反应式如下：

$$2NH_4^+ + 3O_2 \longrightarrow 2NO_2^- + 4H^+ + 2H_2O \tag{3.1}$$

$$2NO_2^- + O_2 \longrightarrow 2NO_3^- \tag{3.2}$$

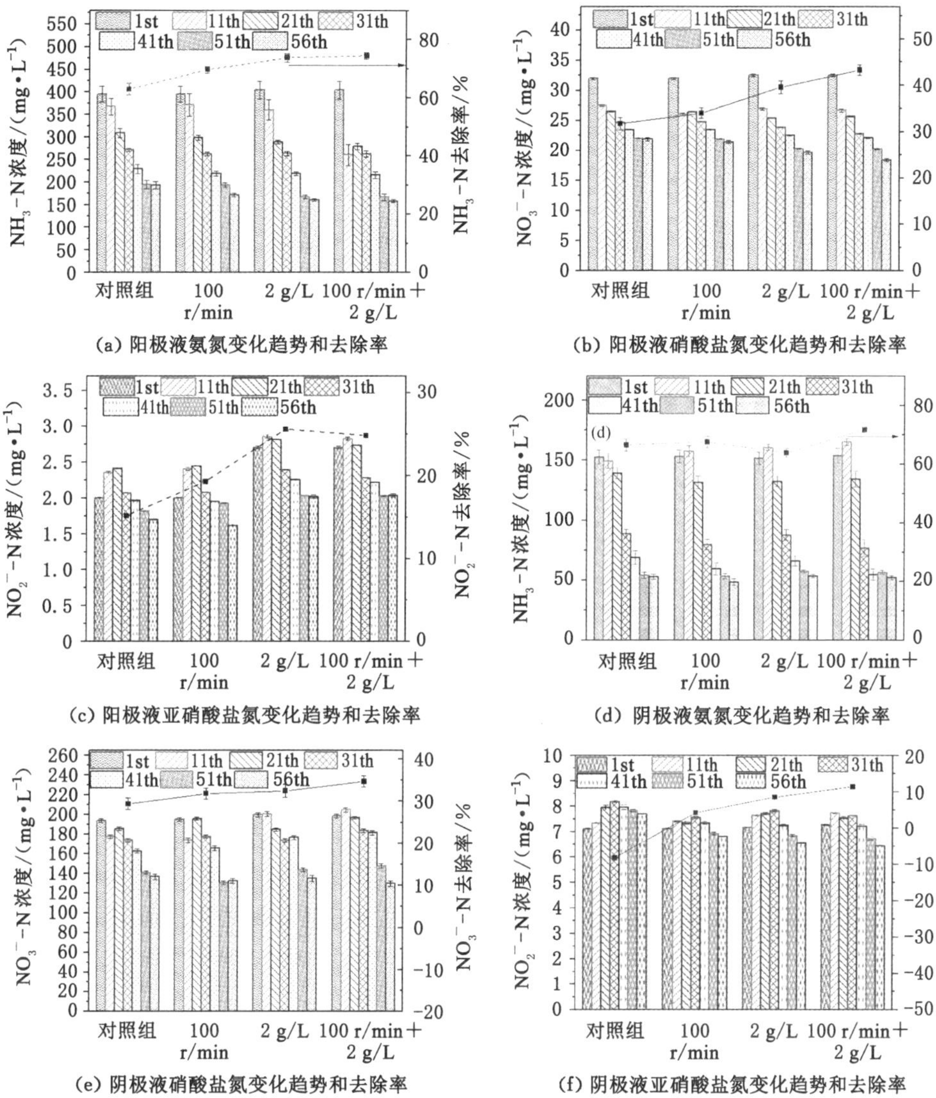

(a) 阳极液氨氮变化趋势和去除率

(b) 阳极液硝酸盐氮变化趋势和去除率

(c) 阳极液亚硝酸盐氮变化趋势和去除率

(d) 阴极液氨氮变化趋势和去除率

(e) 阴极液硝酸盐氮变化趋势和去除率

(f) 阴极液亚硝酸盐氮变化趋势和去除率

图 3.20　阳阴极室 NH_3-N、NO_3^--N 和 NO_2^--N 的去除率

$$NO_3^- + 2H^+ + 2e^- \longrightarrow NO_2^- + H_2O \tag{3.3}$$

$$2NO_2^- + 8H^+ + 6e^- \longrightarrow N_2 + 4H_2O \tag{3.4}$$

3.3.5　MFC电化学特性分析

为进一步分析MFC的生物电催化活性和电子传递机理，在操作结束后，以生物阳极为工作电极，以生物阴极为对电极，在非翻转条件下测量CV，如图3.21所示。在100 r/min、2 g/L和100 r/min+2 g/L的条件下，氧化还原峰的峰强度和位置明显不同，这表明变化是由微生物群落引起的。在100 r/min+2 g/L组中，分别在约0.21 V和0.09 V(Ag/AgCl)处出现明显的氧化峰和还原峰，这可能是由于废水中有机物降解或氧化还原介质的产生[259]。值

得一提的是，在 100 r/min+2 g/L 的 MFC 呈现出最高的氧化峰电流（i_{pa}=0.06 A）和还原峰电流（i_{pc}=0.043 A），这可能与大量电子梭状化合物的排泄有关，说明搅拌速率与岩屑之间良好的协同关系增加了微生物黏附的活性比表面积。因此，生物膜的质量和电催化活性均高于其他 3 种 MFC。

图 3.22 显示了 100 r/min+2 g/L 组在不同扫描速率下的 CV 结果。当扫描速率从 10 mV/s 增加到 100 mV/s 时，峰值电流增加，氧化和还原峰电位分别向右和左移动。这一结果可以解释为高扫描速率下电解液离子界面极化现象的增强。在相同扫描速率下，氧化还原峰电流比（i_{pa}/i_{pc}）为 1.37，表明氧化还原反应不可逆，有利于氧化反应。对扫描速率及其平方根的氧化还原峰值电流（i_p）进行线性拟合，如图 3.23 和图 3.24 所示。i_{pa} 和 i_{pc} 对扫描速率平方根的相关系数（R^2）均大于 0.99，显著高于扫描速率对应的 R^2，说明阳极以扩散控制的电化学过程为主。因此，MFC 的性能受生物膜内电荷补偿离子扩散的限制。

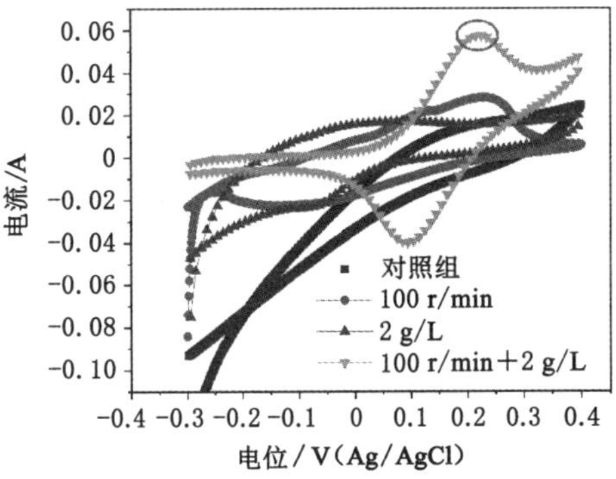

图 3.21 非翻转条件下的 CV

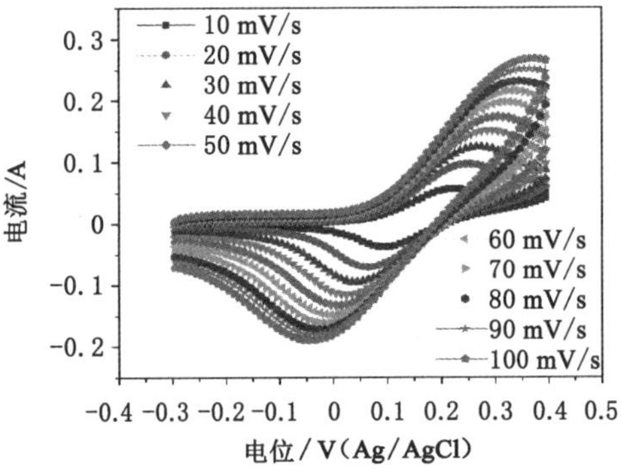

图 3.22 100 r/min+2 g/L 组在不同扫描速率条件下的 CV

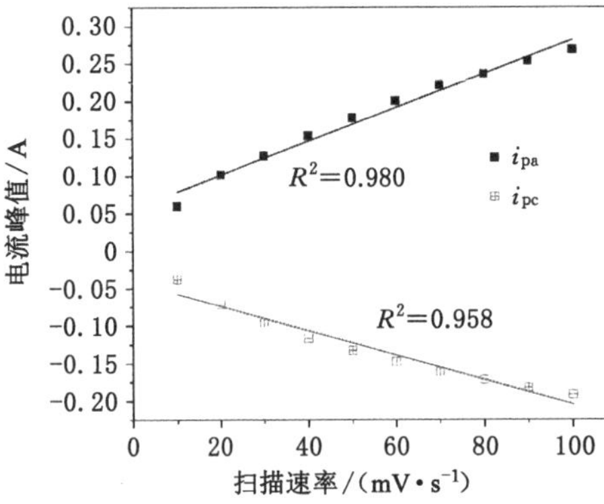

图 3.23 峰值电流与扫描速率的拟合

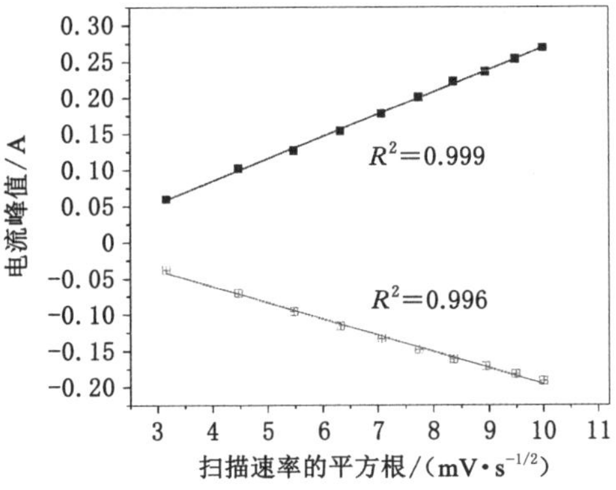

图 3.24 峰值电流与扫描速率的平方根的拟合

以阴极作为工作电极的 Tafel 曲线如图 3.25 所示。对 Tafel 曲线的线性区间进行拟合，可以得到正极和阴极的交换电位、交换电流和 Tafel 斜率，如表 3.11 所列。在 100 r/min+

2 g/L 条件下 MFC 电极的 Tafel 斜率为 43.2 mV/dec，小于对照组(112.3 mV/dec)、100 r/min(54.1 mV/dec)和 2 g/L(51.3 mV/dec)组，揭示出在 100 r/min+2 g/L 条件下，该组电极表面生物膜具有良好的氧化还原催化活性。在 100 r/min+2 g/L 条件下，生物阳极的交换电位为380 mV，相对于对照组(287 mV)向右移动了 93 mV，说明在该条件下生物阳极具有更高的热力学稳定性，对电位变化的响应速度更快。Tafel 曲线结果与 EIS 和 CV 结果基本一致。

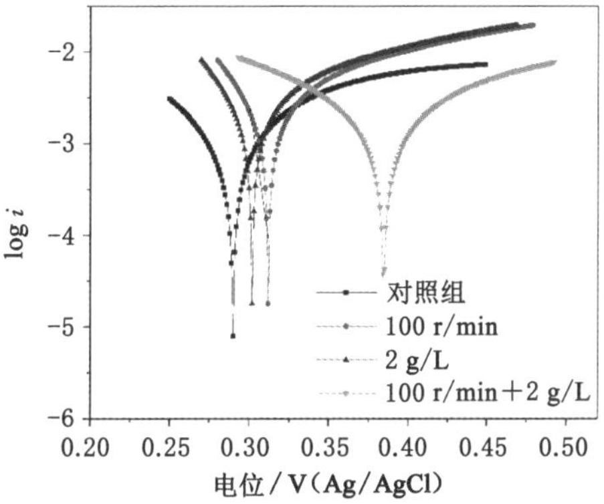

图 3.25　以阴极作为工作电极的 Tafel 曲线

表 3.11　Tafel 曲线的参数拟合值

MFC	β_c/(mV·dec^{-1})	β_a/(mV·dec^{-1})	起始电势/mV	交换电压/mV	交换电流密度/(A·cm^{-2})
对照组	82.1	112.3	350	287	1.7×10^{-3}
100 r/min	103.6	54.1	380	310	2.1×10^{-3}
2 g/L	88.9	51.3	370	300	1.8×10^{-3}
100 r/min+2 g/L	49.9	43.2	393	380	2.2×10^{-3}

3.3.6　MFC 处理废油基泥浆的机理

3.3.6.1　阳极生物膜微生物群落结构分析

从对照组、100 r/min 组、2 g/L 组和 2 g/L+100 r/min 组阳极生物膜中提取 DNA，分析 V3～V4 区域的 16S rRNA 以确定微生物群落组成。16S rRNA 基因克隆文库分析信息如表 3.12 所列，每个样品获得的有效序列超过 36 335 条，在 100 r/min+2 g/L 组鉴定的有效序列超过 54 000 条。根据每个样本中随机选取的序列数和这些序列所代表的操作分类单元数(operational taxonomic units，OTUs)构建稀疏曲线，如图 3.26 所示，表明测序过程是合适的，可信度高[260]。

表 3.12　16S rRNA 基因文库信息分析

样品	有效序列	ACE[1]	Chao[1]	Coverage[2]	Shannon[2]	Simpson[3]	Sobs
对照组	36 335	176.85	164.44	0.999	2.85	0.08	142.00
100 r/min	53 632	937.83	925.27	0.998	2.65	0.37	904.00
2 g/L	41 467	451.11	470.32	0.998	3.43	0.06	339.00
100 r/min+2 g/L	54 096	1 011.97	998.12	0.998	5.06	0.02	945.00

注：1—群落丰度与数值成正比。
2—群落内多样性与数值成正比。
3—群落内多样性与数值成反比。

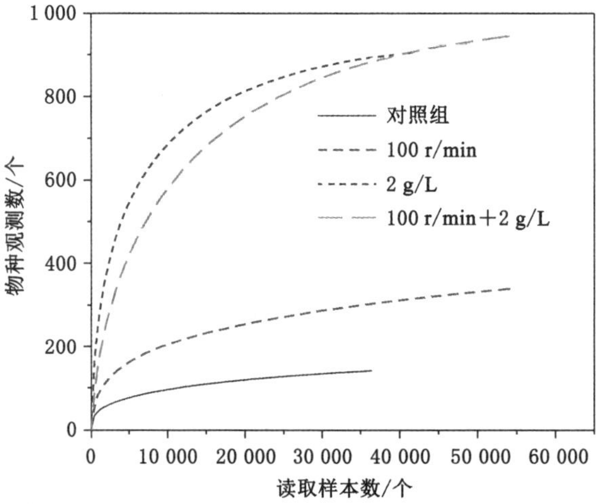

图 3.26　微生物群落的稀疏曲线

图 3.27 所示为门水平的微生物群落结构分析，Proteobacteria 和 Bacteroides 中的大多数细菌都参与重要的产电和有机物降解过程，并能进行远距离电子传输。与对照组相比，100 r/min 组、2 g/L 组和 100 r/min+2 g/L 组放线菌丰度显著增加，说明岩屑和搅拌速率的协同作用增强了硫还原菌和硝化反硝化细菌的主导作用，且同时添加无机氮和有机负荷有助于自养和异养细菌的生长。其他门如 Chloroflexi 和 Firmicutes 在阳极中积累，有助于电驯化、油基微生物和阳极微生物群落的选择，且它们有利于阴离子聚丙烯酰胺等复杂有机物的去除[221]。

在科水平上进行微生物群落分析的结果如图 3.28 所示。Gammaproteobacteria、Alphaproteobacteria 和 Bacteroidia 等优势群落均属于变形菌门和拟杆菌门，在 MFC 运行结束后，阳极生物膜中最丰富的菌群是变形菌门和拟杆菌门（两者总和超过 61%），这些细菌包括许多活性的产电微生物，它们可以通过 C 型细胞色素将电活性细菌的电子直接转移到电极上，从而有效地增加能量输出[250,261]。相对于对照组，放线菌得到高度富集，在 2 g/L 组和100 r/min+2 g/L 组，其相对丰度分别达到 20%和 10%。该类细菌不仅在阳极胞外电子传递过程中发挥重要作用，还能代谢多种碳水化合物或产生乳酸、乙酸、甲酸等中间产物，从而为其他异养细菌提供营养物质。同时，性厌氧反硝化细菌 Bacilli 和 Anaerolineae 在适

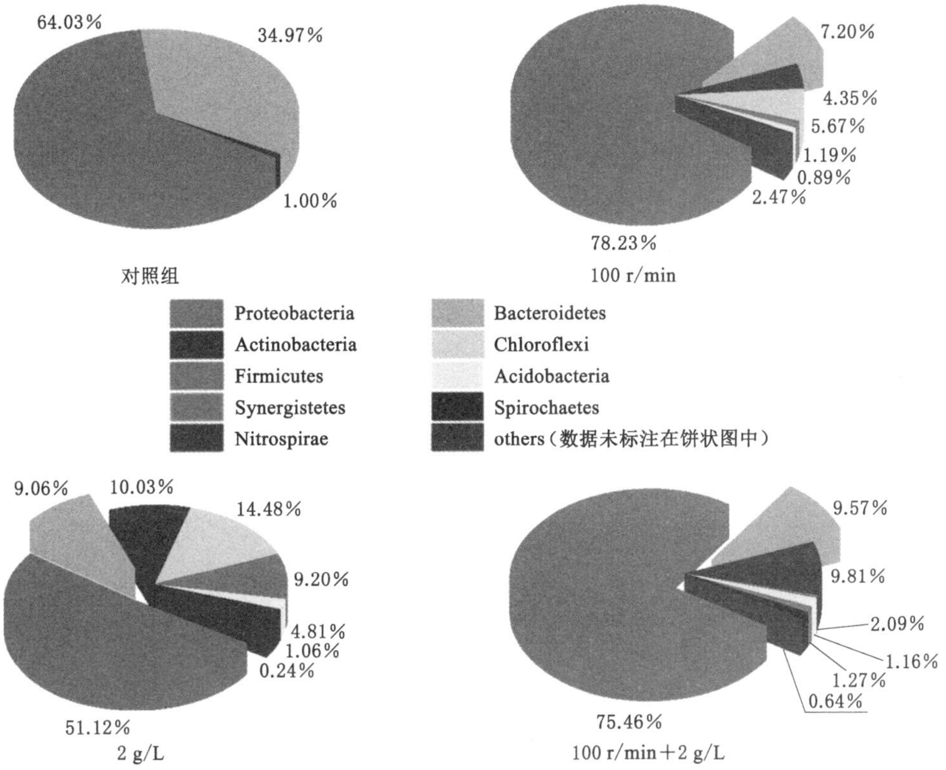

图 3.27 门水平阳极生物膜上的微生物群落

当的混合速率或固体颗粒条件下丰度显著增加(分别达到 5%和 4%左右、11%和 6%左右),有利于浮游细菌通过电子穿梭体将电子转移到阳极。因此,该系统进一步抑制了溶解氧的存在,导致硝酸盐在长期运行中还原为亚硝酸盐和氮[262]。但在 100 r/min+2 g/L 组,这两类菌属的丰度略有下降,使耐电性发生变化或重新进行电选择[247,263]。

上述结果表明,多种功能微生物的协同作用,在污染物质降解和生物发电中发挥了重要的作用。因此,需要进一步分析各样品中的优势微生物。构建了 30 个属的热图(图 3.29),其中以不同颜色表示群落组成在序列上的差异和相对丰富度的变化。以上结果还表明,假单胞菌、红假单胞菌、Burkholderiaceae、Comamonas、Sphingopyxis、Nocardia、Gelidibacter、Weeksellaceae 和热单胞菌等物种在 100 r/min+2 g/L 组成功繁殖。一些细菌(Pseudomonas、Acidovorax、Burkholderiaceae 和 Comamonas)已被报道是典型的具有胞外电子传递功能的致电细菌,如假单胞菌分泌氧化还原活性的吩嗪作为电子梭体[264]。Rhodopseudomonas 在厌氧环境下以硫代硫酸钠和硫化氢为电子供体进行自养反硝化,但在 100 r/min 组几乎没有发育,导致电活性微生物富集的各种主导因素,如岩屑中的无机矿物可能会影响当地环境中的细菌群落结构。热图样本的聚类分析(热图顶部)比较了属的多样性,可以清楚地看到对照组和 100 r/min 组的电极生物膜相似,但与后两组完全不同。因此,搅拌和岩屑分别对微生物的丰度和多样性有重要的影响。正如前文所讨论的一样,来自不同环境的细菌在微生物代谢方面可能存在差异,并最终影响发电性能和废水污染物去除的机制。综上所述,在

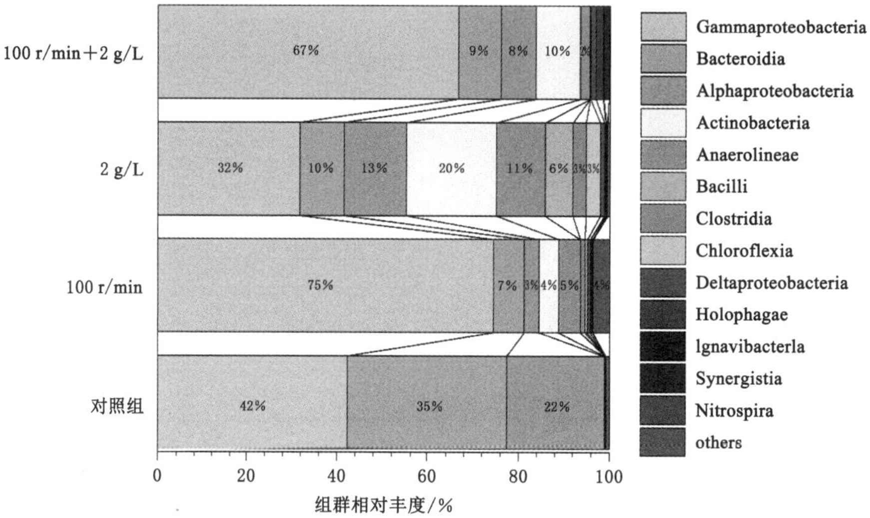

图 3.28 阳极生物膜上微生物群落在科水平

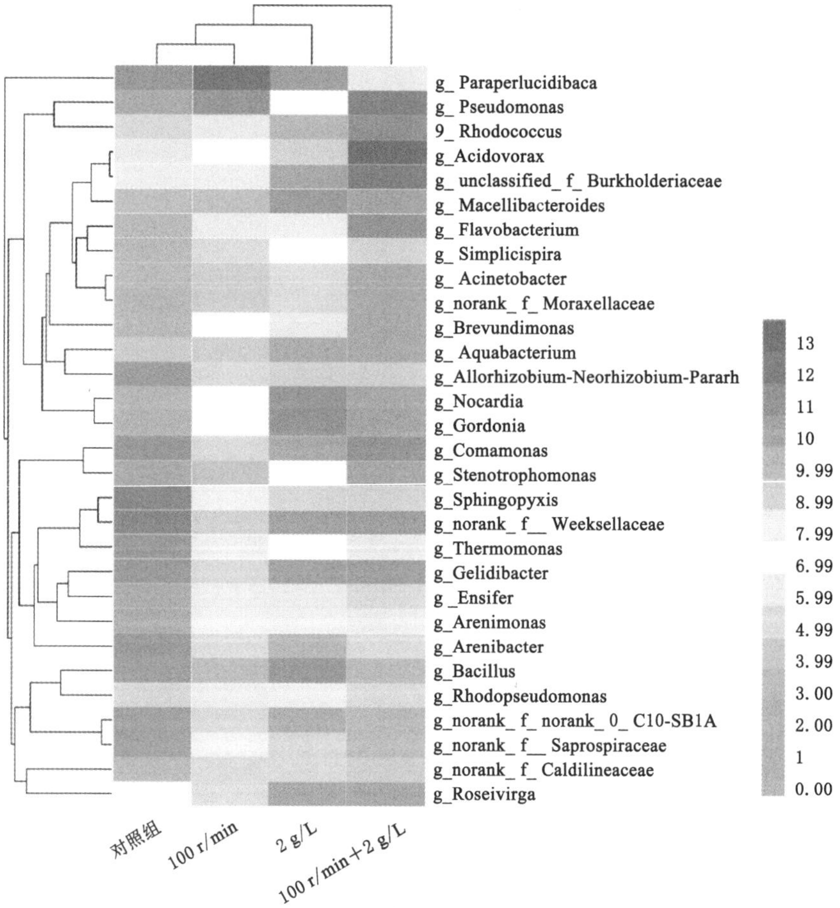

图 3.29 属层次的样本聚类分析和热图

100 r/min+2 g/L组的MFC中，直接和间接电子转移同时发生，与之前报道的相似[265]。

主坐标分析(PCA)结果如图3.30所示。在4个样品中，上述微生物群落的差异是基于PC1和PC2这两个主导因子，两者对应的主导成分分别为80.55%和14%，占微生物群落间鉴定变化的94.55%，样品1和样品2在PC1方向上相距较远。由热图分析可知，在MFC中引入搅拌速率和油基岩屑，可以提供足够的电子受体，刺激产电菌在阳极上的生长和富集，进一步提高微生物群落的物种丰富度和丰度。由PC1和PC2中样品3和样品4之间较短的距离可以看出，添加岩屑的电极初始接种良好，形成的粗糙表面有利于带电物质的富集。

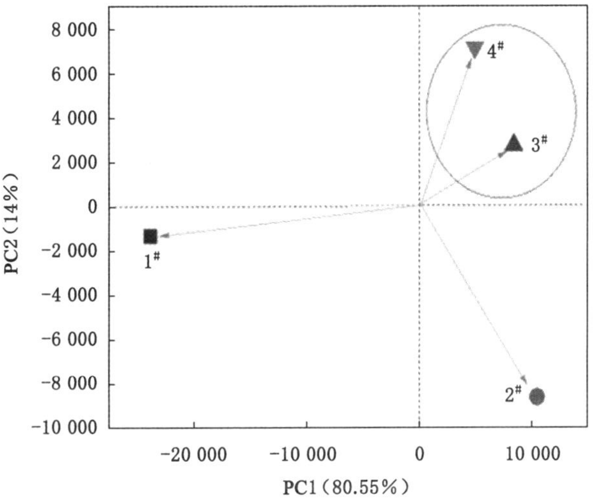

图3.30 PCA结果显示4个生物膜样品在系统发育谱系上的OTUs差异

3.3.6.2 生物膜和基体表征

利用扫描电镜比较了两个关键因素(搅拌速率和岩屑)对生物膜形貌的影响。对照组和100 r/min+2 g/L组阳极生物膜的SEM形貌如图3.31所示。由对照组可以发现，阳极表面的细菌生长不丰富且不均匀[图3.31(a)和图3.31(b)]，而在100 r/min+2 g/L组的MFC中观察到亮颜色的絮凝物附着(可能是由于微生物代谢物和细胞外聚合物形成的)。将图3.31(e)和图3.31(f)与图3.31(c)和图3.31(d)相比，生物膜具有更大的比表面积和重叠致密结构，这是由于搅拌和岩屑同时存在时微生物与石油烃之间的接触面积增加，通过去除有机物的分解过程或金属离子还原，为微生物的吸附和生长提供更好的条件[266]。

EDS结果也表明，在闭合电路中运行的阳极上存在元素种类差异，如图3.31(g)和图3.31(h)所示。因此，驯化后的生物膜可能是一种含有C、N和O的生物炭，存在着具有较高电催化氧化活性的细菌[267]。基于EDS光谱的生物膜元素组成定量结果如表3.13所列，除去C、N和O元素，在100 r/min+2 g/L组的MFC中观察到大多数Fe、Ca和Al的金属晶体以及Si和S等非金属化合物，它们的原子百分比总和超过了13%，这些可能是钠和钾的氧化物、硫酸盐或氯化物[268]。

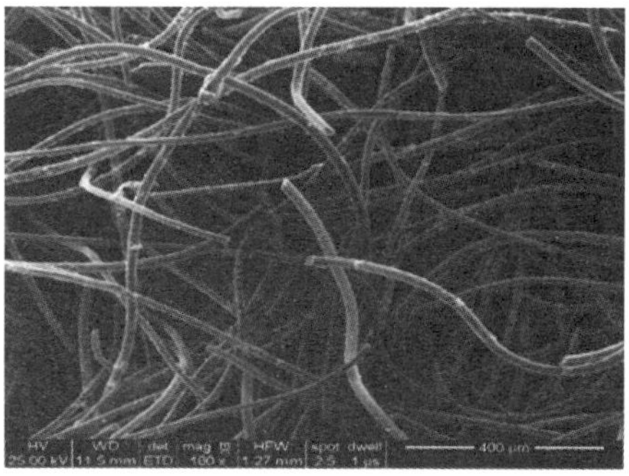

(a) 对照组

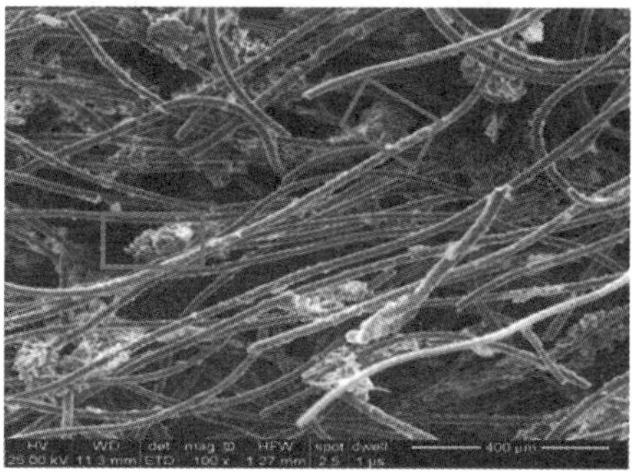

(b) 100 r/min+2 g/L

(c) 对照组

(d) 100 r/min+2 g/L

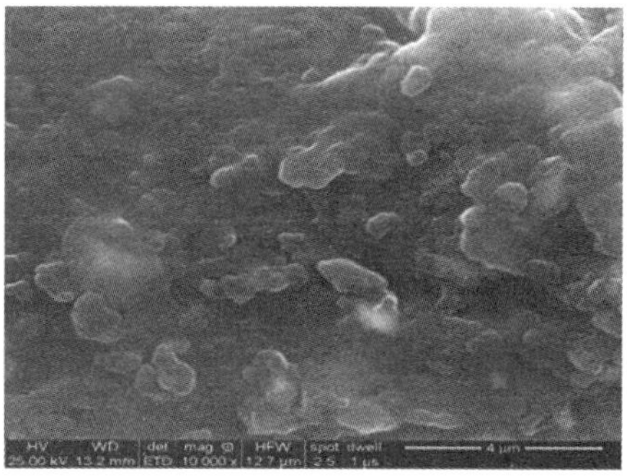

(e) 对照组

(f) 100 r/min+2 g/L

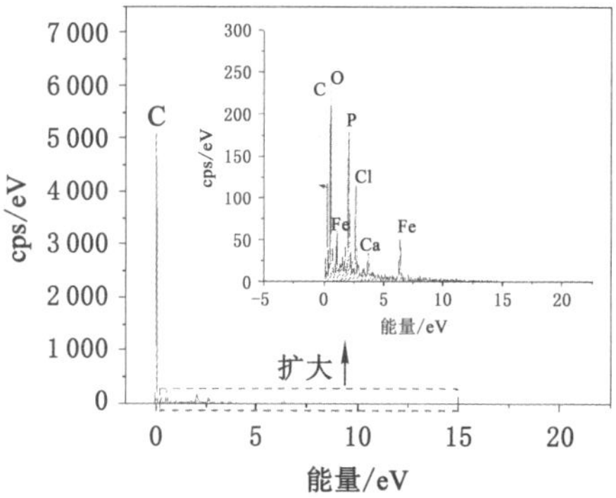

(g) 对照组

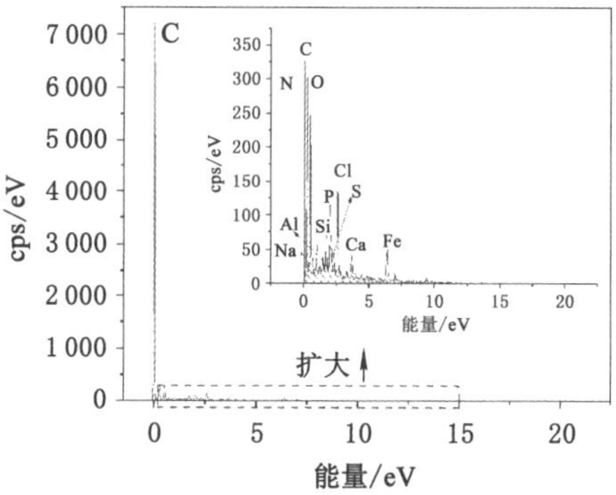

(h) 100 r/min+2 g/L

图 3.31　阳极生物膜的 SEM

表 3.13　对照组和 100 r/min+2g /L 组生物膜中元素组成

元素	样品来源			
	对照组		100 r/min+2 g/L	
	W_t/%	A_{tom}/%	W_t/%	A_{tom}/%
C,K	28.83	40.85	40.15	52.04
N,K	7.91	9.61	8.47	9.41
O,K	34.72	36.93	31.12	30.28
Na,K	2.30	1.71	1.38	0.93
Si,K	0.98	0.59	1.38	0.77
P,K	5.57	3.06	1.82	0.91
Cl,K	5.90	2.83	4.85	2.13
Ca,K	1.83	0.78	1.55	0.60
Fe,K	11.97	3.65	7.93	2.21
Al,K	—	—	0.49	0.28
S,K	—	—	0.87	0.42

底物样品的 FTIR 提供了基底中官能团存在的信息。图 3.32 显示了 100 r/min+2 g/L 组处理前后基底的 FTIR 变化情况，如未经处理的样品在 3 443 cm^{-1}、1 632 cm^{-1} 和465 cm^{-1} 位置处可能存在—OH[269]、C ═C 和 S—O 的拉伸振动[270]。在 3 443 cm^{-1}和 1 632 cm^{-1}位置处峰的强度和面积在操作结束后明显变弱，表明有大量有机物被有效降解，没有产生其他中间产物[177]。在对照组 3 420 cm^{-1}位置处观察到类似的情况，如图 3.33 所示。此外，基底在 1 092 cm^{-1}、1 084 cm^{-1}、787 cm^{-1}和 613 cm^{-1}位置处的吸收带属于石英[212]。

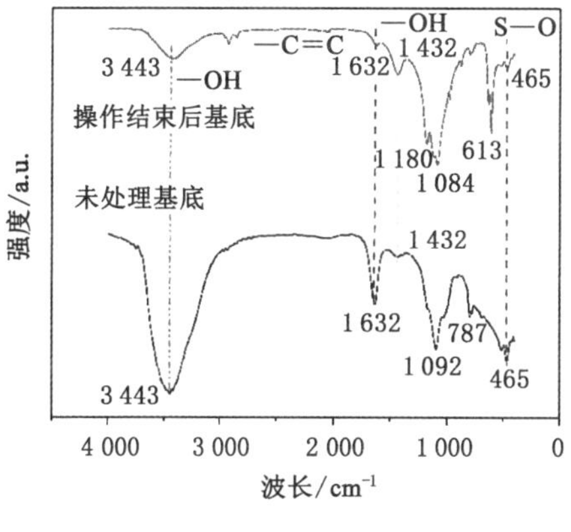

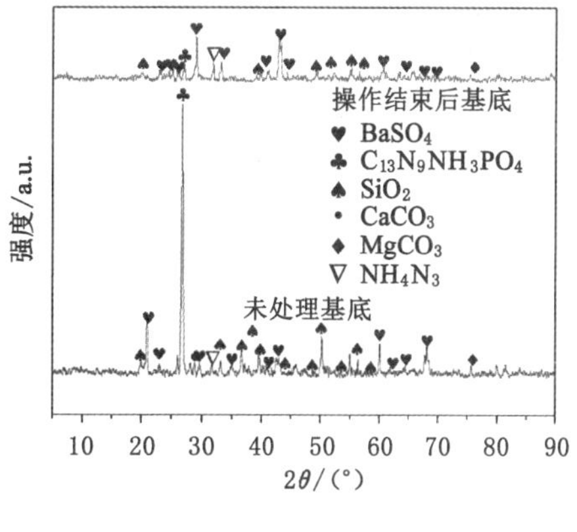

图 3.32　阳极室基底 100 r/min+2 g/L 组和对照组的 FTIR

通过 XRD 分析了未处理和处理基质的相组成和结构变化，如图 3.33 所示。处理后样品与未处理样品的峰的差异表明晶体结构有明显的差异，这与 FTIR 结果显示的趋势相同。在 2θ= 26.8° 和 28.1° 处出现两个尖锐的主衍射峰，分别支持较强的非晶体结构($C_{13}N_9NH_3PO_4$)，表明处理前后存在有机质可能发生降解，部分大颗粒转化为小颗粒。对照

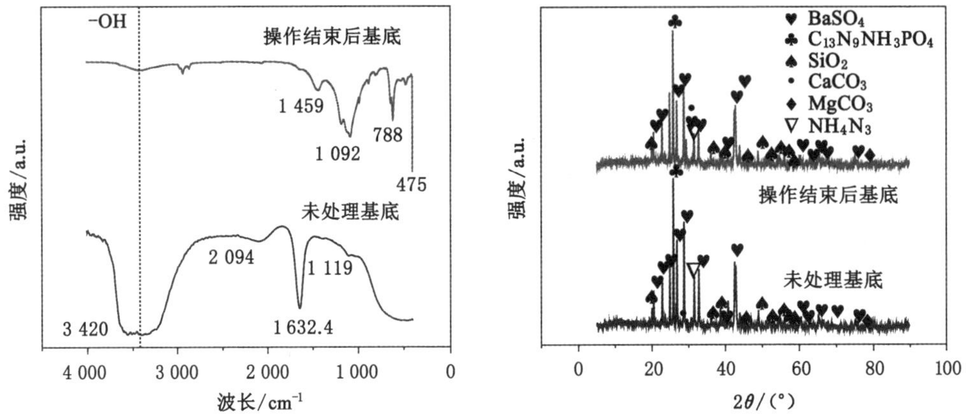

图 3.33 阳极室基底 100 r/min+2 g/L 组和对照组的 XRD

组中 $C_{13}N_9NH_3PO_4$ 的峰值并没有下降，进一步揭示了相比于 100 r/min+2 g/L 组中 COD 去除率较低的原因。在 100 r/min+2 g/L 组中，以 $BaSO_4$ 为主要成分并作为增重剂[271]，这种晶体结构的峰没有明显变化。此外，在底物中还发现了 SiO_2、$CaCO_3$ 和 $MgCO_3$ 等晶相和微观结构的衍射峰。对照组和 100 r/min+2 g/L 组基底的 EDS(图 3.34)和元素百分数(表 3.14)进一步支持了上述化合物的存在。从另一个角度来看，100 r/min+2 g/L 组的 Si 元素原子百分数相对于对照组增加了 13.43%。而已有研究表明，加入适量的 SiO_2 可使功率密度提高约 15 倍[135]。相比之下，S 元素的原子百分比较 100 r/min+2 g/L 组下降了 5.46%，进一步印证该元素可能参与了反硝化过程。

表 3.14 处理样品中的元素比例

元素	样品			
	对照组		100 r/min+2 g/L	
	W_t/%	A_{tom}/%	W_t/%	A_{tom}/%
C,K	25.28	42.77	26.05	37.69
O,K	34.04	43.23	41.56	45.14
Mg,K	0.63	0.53	0.79	0.57
Al,K	1.09	0.82	3.58	2.31
Si,K	3.66	2.65	17.09	10.57
S,K	6.22	3.94	0.76	0.41
Cl,K	1.61	0.92	1.21	0.59
Ca,K	2.98	1.51	2.78	1.20
Ba,L	24.49	3.62	3.41	0.43
K,K	—	—	1.64	0.73
Fe,K	—	—	1.13	0.35

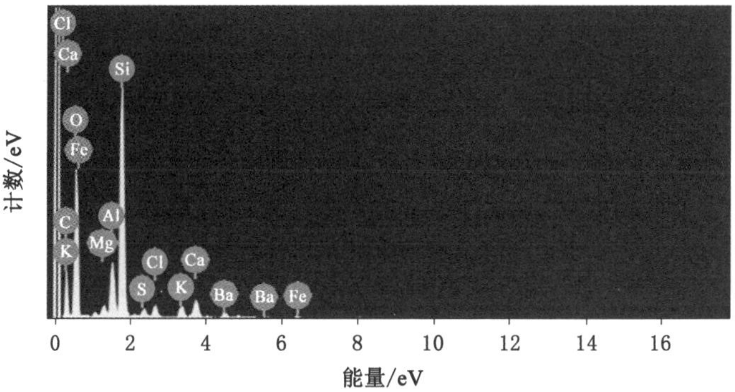

(a) 100 r/min+2 g/L

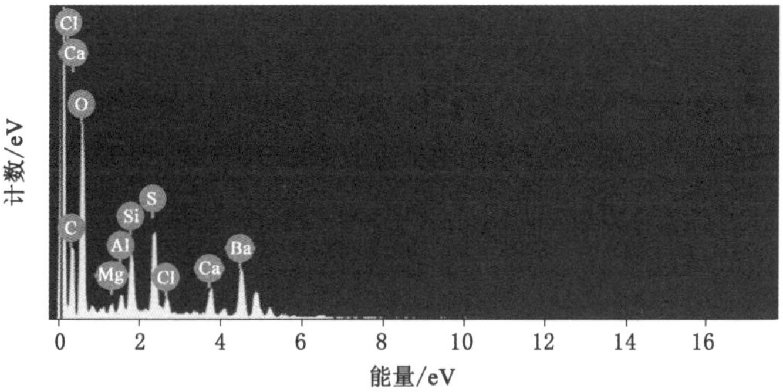

(b) 对照组

图 3.34　处理后样品的 EDS

3.3.6.3　MFC 脱除废油基泥浆中污染物的机理分析

基于上述结果和早期的研究成果[272-274]，提出了混合搅拌速率和 OBDS 同时去除复杂有机物和氮的主要原理图和可能的产电机制，如图 3.35 所示。因此，阳极室内的反应如下：

(1) 异养反硝化，有机物作为电子供体降解为小分子，硝酸盐在阳极表面还原为亚硝酸盐和氮，反应如式(3.5)所列($C_nO_xH_y$表示有机物的复杂组成)。

(2) 自养反硝化，硫化物为电子供体。在阴极室中，可能会发生生物电化学反应式(3.6)，在阴极表面随着电子的消耗发生氧的还原，阴极液中可能会发生亚硝酸盐氧化和异养反硝化[275]。

阳极：

$$2NO_3^-\ HNO_2^- + C_nO_xH_y - 2e^- \longrightarrow N_2 + nCO_2 + yH_2O$$
$$E_0 = 0.21\ V(Ag/AgCl) \tag{3.5}$$

阴极：

$$O_2 + 4H^+ + 4e^- \longrightarrow 2H_2O$$
$$E_0 = 0.99\ V(Ag/AgCl) \tag{3.6}$$

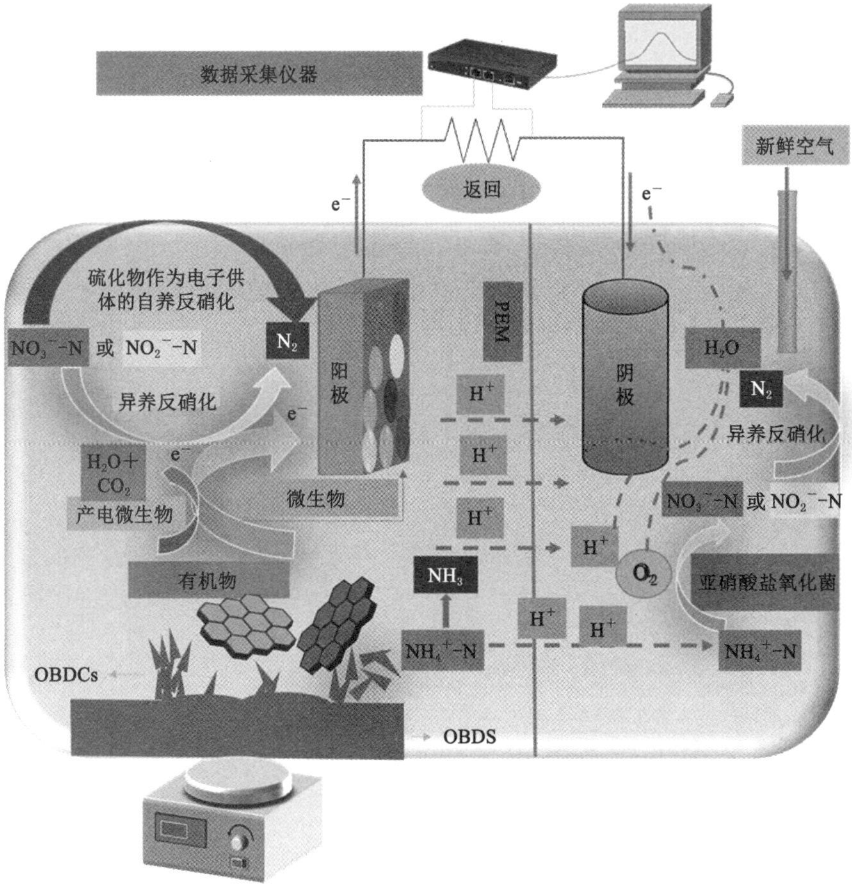

图 3.35 MFC 同时脱除 OBDS 中复杂有机物和氮的机理

第 4 章 自驱动 MFCs-EC 耦合系统处理页岩气返排废水

4.1 耦合方式对 MFCs-EC 系统性能的影响

4.1.1 MFCs-EC 耦合系统的构建

MFC 的结构与第 1 章介绍的结构一致，均为圆柱形有机玻璃结构，其中阳极室和阴极室的有效体积均为 600 mL。腔室在使用前用盐酸浸泡 24 h，以去除可能存在的微生物和生物催化剂的影响。用直径为 4 cm 的质子交换膜将阳极室和阴极室隔开，接着将 2 cm×3 cm 规格的碳毡电极和碳刷电极分别插入阳极室和阴极室用于连接外电路，所有的外电路均用钛丝连接，而 Ag/AgCl 参比电极置于每个反应器的阳极室来测定电势。EC 装置的有效容积为 1 200 mL，选用的阴阳极材料同第 3 章优化的 EC 一样，EC 装置起初的底物是废油基泥浆。MFC 和 EC 装置顶部都有一个进水口和出水口。

MFCs-EC 耦合系统的构建：MFC 连接后与 EC 并联。其中，MFC 串联方法有：4 个 MFC 串联（4SMFCs），3 个 MFC 串联后并联 1 个 MFC（3SMFCs-1PMFCs），2 个 MFC 串联后并联 2 个 MFC（2SMFCs-2PMFCs），3 个 MFC 并联后串联 1 个 MFC（3PMFCs-1SMFC）以及 4 个 MFC 并联（4PMFCs）。4 个 MFC 串联后并联 EC 的具体连接方式如图 4.1 所示。其中，4 个 MFC 依次串联后，首位 MFC 的阴极和末位的阳极分别与电解池的阴极和阳极相连，并通过橡胶水管实现水路串联，当进行底物更替时，EC 和 MFC 装置进水和出水由蠕动泵转移到蓄水池后再进行输送。4 个 MFC 的底物依次是油基泥浆、压裂返排废水、油基泥浆和压裂返排废水，分别标记为 OBDS-1、SGFW-1、OBDS-2 和 SGFW-2，EC 的底物为油基泥浆（标记为第一阶段，P1），并在耦合系统产电性能下降或废水去除效率保持不变时将带有油基泥浆为底物的 MFC 与 EC 的油基泥浆进行置换（标记为第二阶段，P2），最后两个以页岩气返排废水的 MFC 和以油基泥浆为底物的 MFC 进行替换（标记为第三阶段，P3）。EC 两端的电势变化由电化学工作站监测。活性污泥的驯化及微生物的接种方法参考了作者课题组之前的研究成果[274]。产电微生物富集结束后开始运行耦合系统，由 4 个微生物燃料电池构成的串、并联电池组的性能进行测试，优化选出性能表现突出组别，对其各个阶段的微生物群落变化和对底物的降解途径进行研究。其性能考察方式、微生物和底物的表征方式和群落结构分析方法详见本书第 3 章。

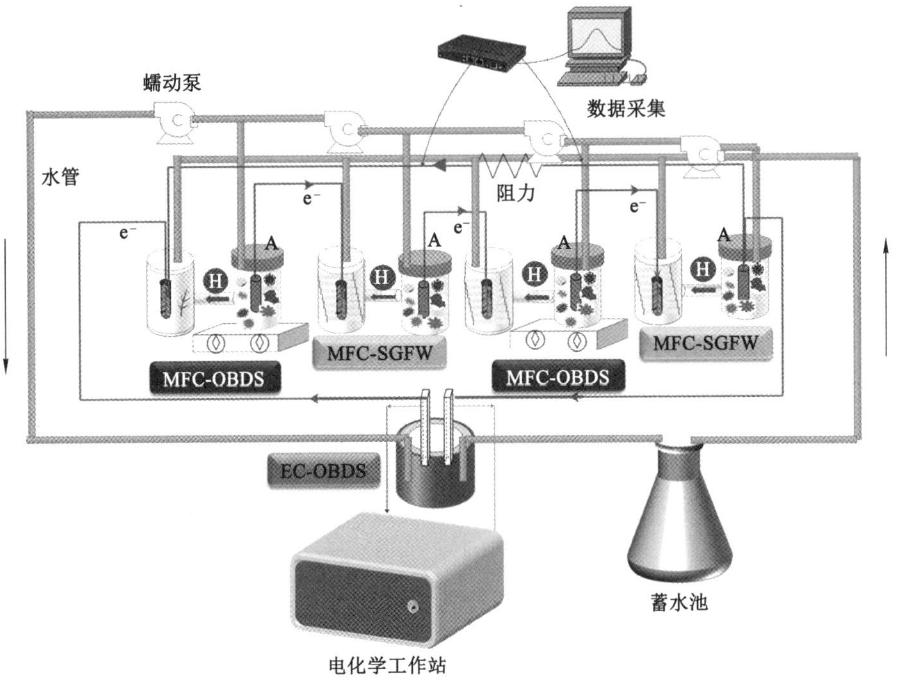

图 4.1 耦合装置示意图

4.1.2 耦合系统的启动性能

4MFCs 不同耦合模式的开路电位曲线如图 4.2 所示。由图 4.2 可知，4 个微生物燃料电池串联以及 3MFCs 串联后并联 1MFCs 模式下的开路电位相较于其他模式最高，4MFCs 串联的开路电位最终稳定在 2.3 V 左右。图 4.3 和图 4.4 分别展示了以 EC 的阳极/阴极作为工作电极测定的阳极/阴极电位曲线，其中耦合模式下的阳极电位变化趋势和系统的开路电位变化趋势基本一致。阳极电位曲线和阴极电位曲线进一步说明了 4SMFCs 和 3SMFCs-1PMFCs 模式下的阴极极化现象较为显著，其中耦合系统的极化现象主要是由阴极极化造成的。关于发生电压反转的原因有：Aelterman 等[276]认为，这是某些影响微生物催化底物转化引起的；另一种说法则是，底物缺乏提供的新陈代谢物质，引起电压反转[277]，从而进一步造成了各个单电池之间的电压不匹配。

图 4.5 所示为不同模式下初始运行时的 CV 曲线。可以看出，微生物的催化活性峰，4MFC 并联(4PMFCs)组峰电流明显高于其他组，具有 2 对明显的氧化还原峰，且在该条件下的电容量最大(Ah 接近于 0.2 C)。除了 4PMFCs 模式，3SMFCs-1PMFC 组和 4SMFCs 组模式的氧化还原峰电流也高于 2SMFCs-2PMFCs 组和 1SMFC-3PMFCs 组。结合开路电位的变化趋势以及 CV 曲线表现出的性能差异，选择 4SMFCs、4PMFCs 两种模式开展电能输出、底物去除效率和电化学性能等方面的深入探讨。

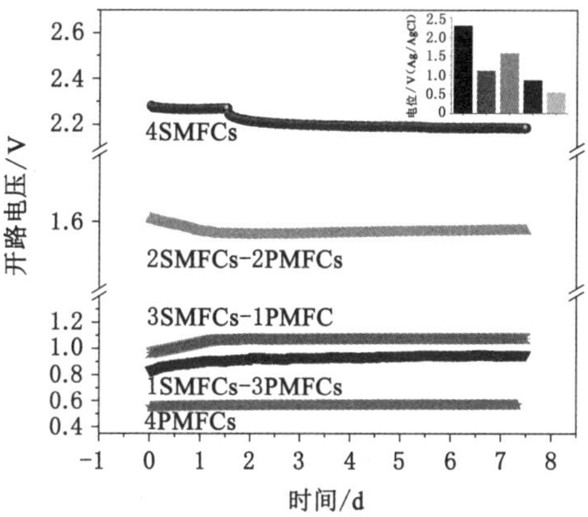

图 4.2　不同耦合模式下的开路电位曲线

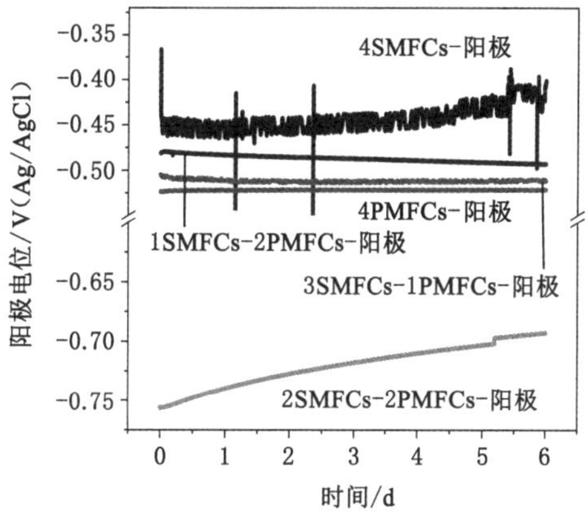

图 4.3　不同耦合模式下的阳极电位曲线

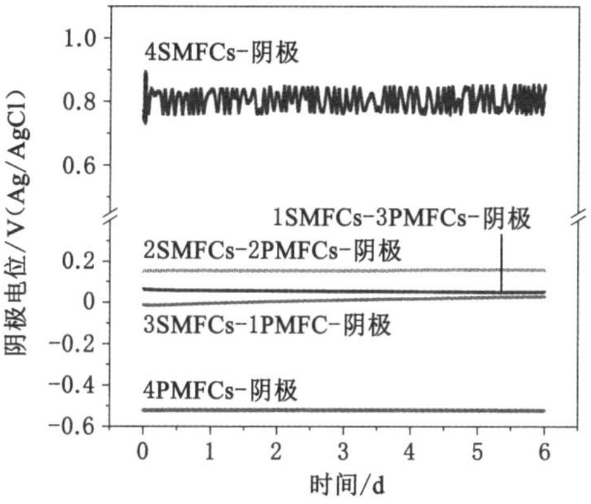

图 4.4　不同耦合模式下的阴极电位曲线

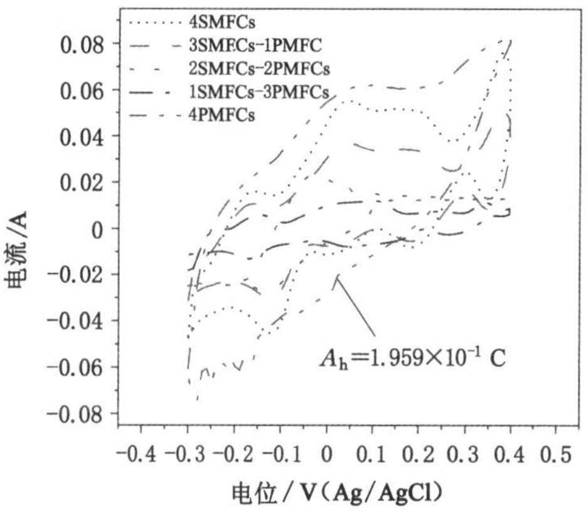

图 4.5　不同模式下初始运行时的 CV 去心爱

4.2　MFCs-EC 串联耦合系统产电特征及污染物去除效率

4.2.1　输出电压和功率密度

电解池三阶段的底物依次为废油基泥浆、更换为 MFC 的废油基泥浆和返排废水，四串联模式下不同阶段的电压变化以及各个 MFC 的电压变化如图 4.4 所示。由图 4.6(a)可以看出，各个阶段输出的最高电压均可以达到 2 V 左右，和各单个 MFC 的理论输出电压之和基本一致，这主要是因为在该模式下离子交互能量损失小。各个 MFC 的第一阶段、第二阶段和第三阶段的输出电压如图 4.6(b)至图 4.6(d)所示。由图 4.6(b)至 4.6(d)可以看出，电池组中各单元电池性能变化引起了电池组工作性能的变化，在第一阶段后期，由于 OBDS 供应不足，导致电极反转，电压急剧下降[278]。在进入第二阶段后，电压输出稳定无明显波动，说明微生物的富集和生物膜的生长显著增加，表现出良好的产电性能。第三阶段 SGFW 燃料电池组由于底物供应不足，电压起初发生了急剧下降，继而维持在一个恒定值。

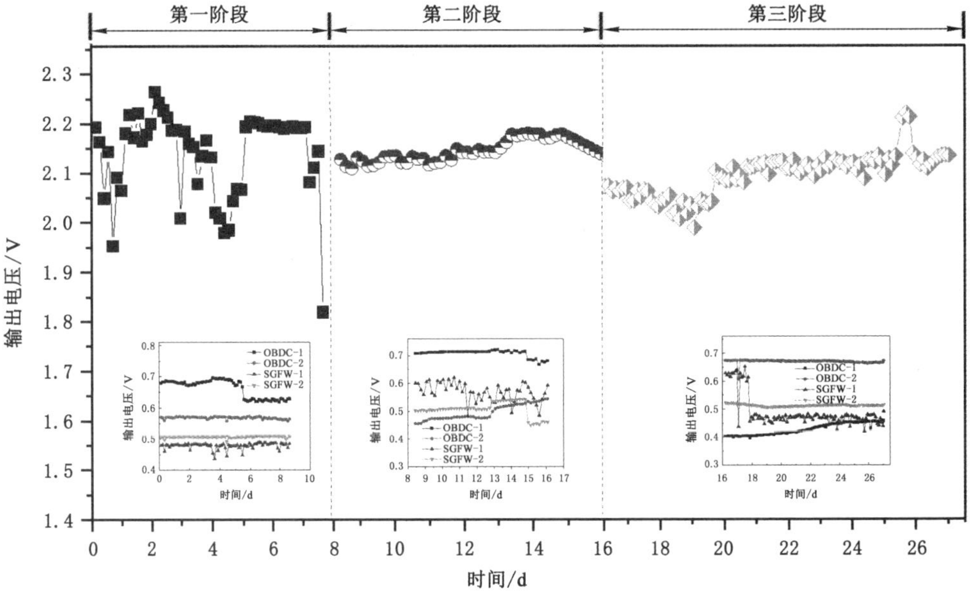

(a) 总输出电压

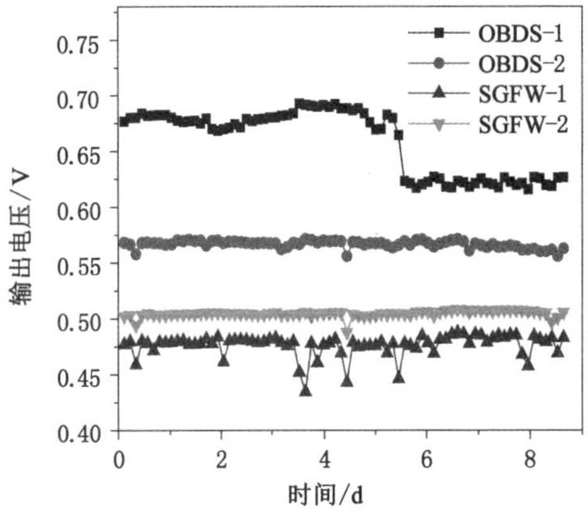

(b) 第一阶段

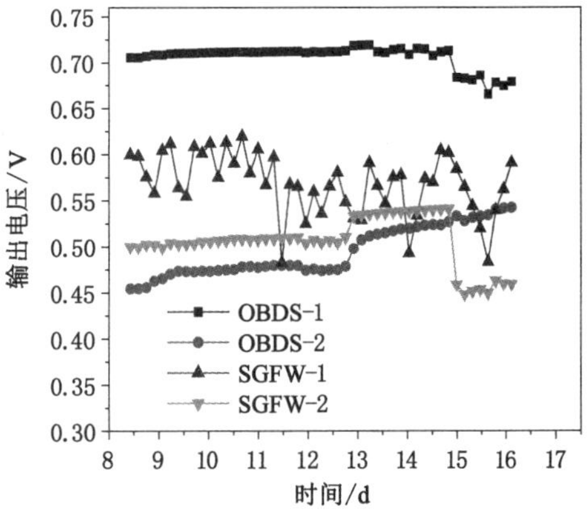

(c) 第二阶段

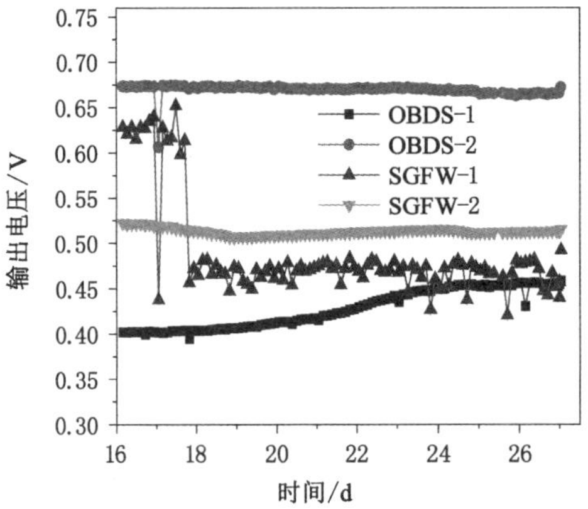

(d) 第三阶段

图 4.6　4SMFCs 模式下的总输出电压与不同阶段各 MFC 的输出电压

耦合系统功率密度曲线和极化曲线的变化如图 4.7 所示。由图 4.7 可以看出，电池组总体输出功率因为底物更换而发生了显著的变化，从第一阶段过渡到第二阶段时，功率密度从 3.01 W/m^2 提升到 3.92 W/m^2，内阻从 2 700 Ω 降低到 2 011 Ω，而在替换底物前后的 EC 的 pH 值从 6.1 增加至 7.2，这可能是底物的酸化现象得到了改善所致。与此同时，将 EC 的底物更换到 MFC 后，内阻降低，为阳极产电微生物的生长提供了更适宜的环境。第三阶段 EC 的底物更换为页岩气返排废水后，燃料电池组中的可被新陈代谢的底物已基本被消耗完成，所以功率密度没有进一步提升，且底物内阻增加至 2 331 Ω。同时，由于串联电池组中电子从阳极传递至阴极的阻力较大，致使电子转移速率变慢，在阳极室内更换新的底物后，会有较多的有机物和氨氮等可以被微生物新陈代谢所消耗，也同样有更多的底物被渗透至阳极的电子受体所消耗，因而造成串联 MFCs 组的实际电能转化率低，库仑效率仅为 37.9%。各个阶段的子系统的其他产电性能参数见表 4.1。由表 4.1 可以看出，不同时期的功率密度和内阻，其中内阻最高达到了 864 Ω，相对于第 4 章中内阻显著提高。

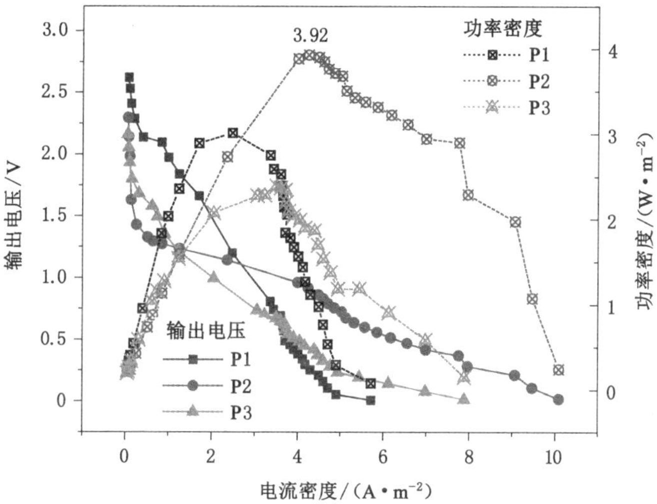

图 4.7　不同阶段的耦合系统的功率密度曲线和极化曲线

表 4.1　4SMFCs 模式下各时期与各单电池的电能参数

参数	P1					P2					P3				
	OBDS-1	OBDS-2	SGFW-1	SGFW-2	EC	OBDS-1	OBDS-2	SGFW-1	SGFW-2	EC	OBDS-1	OBDS-2	SGFW-1	SGFW-2	EC
最大功率密度/(mW·cm^{-2})	595	630	493	520	2 505	1 156	1 442	679	814	3 920	923	946	1 156	1 442	3 520
输出最大电压/mV	696	574	485	506	2 263	720	621	553	542	2 175	454	515	652	673	2 147
表观内阻/Ω	546	531	864	857	2 733	484	496	795	787	2 011	834	793	521	563	2 331
开路电位/mV	727	596	530	498	2 300	732	695	582	573	2 412	569	612	682	617	2 158
库仑效率/%	35.2	34.3	31.3	29.7	42.7	34.1	32.2	26.5	24.3	33.6	22.1	24.2	30.6	29.5	37.9

4.2.2 系统底物中污染物的去除效率

4PMFCs 的输出电压和输出功率均难以满足处理效率最高的电解池需求，但根据耦合后的污染物去除效率发现，其仍然可以有效地驱动电解池运行。所有的底物在本研究中都经过了 MFC 和 EC 的耦合处理，由图 4.8 可知：COD 去除率较单一的 MFC 降解都有明显的提升，废油基泥浆经过 MFC 和 EC 的顺序不同，处理效果具有明显的差异。EC→MFC 处理的油基泥浆效果更佳，COD 去除率可达 71.6%±1.7%。而 MFC→EC 模式下处理的 COD 去除率仅为 60.7%±1.4%。因此，通过 EC 处理后底物的有毒有害物质组分降低，将有助于 MFC 中微生物的新陈代谢作用。COD 在 MFC 中有两种生物转化途径，主要包括电活性细菌的呼吸和替代以及好氧或厌氧细菌对有机物的呼吸作用[279]，而前期优异的产电性能为 EC 提供了充足的可利用电能，页岩气压裂返排废水的 COD 去除率在先经过 MFC、再经过 EC 处理后达到 74.2%±1.1%，远高于通过单独的 MFC 的处理效果(61.9%±2.4%)。

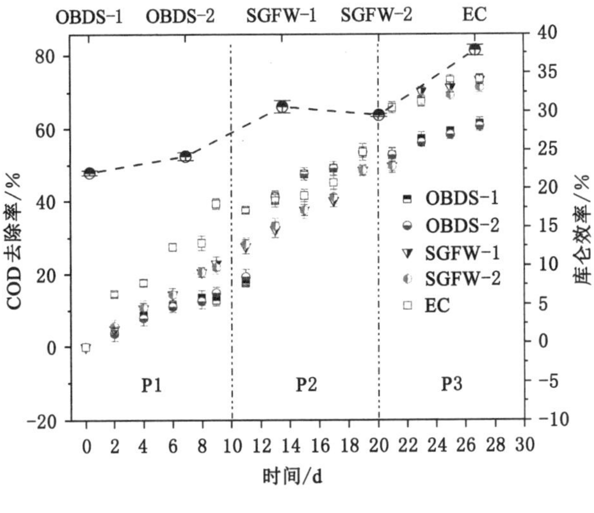

图 4.8 各子系统运行时 COD 去除率和 P3 阶段的库仑效率

如图 4.9 所示，各 MFC 子系统氨氮的去除与运行时间的变化曲线趋势基本一致，尤其是在 SGFW-1 和 SGFW-2 中，过高的氨氮浓度抑制了阳极产电微生物的活性，且游离氨会对微生物产生毒害作用。MFC→EC 的氨氮去除率明显高于 EC→MFC，前者高达 71%，而后者仅有 51%～60%。铵根离子在氧化为 N_2 的过程中会产生过度氧化现象，生成 NO_2^- 和 NO_3^- 副产物，随着反应电位的上升，产物对 N_2 的选择性呈下降趋势。同时，在 MFC→EC 体系中更多的底物渗透至阴极，被其他的电子供体所消耗，进一步造成串联电池组的转化率上升。硝酸盐氮和亚硝酸盐的变化分别如图 4.10 和图 4.11 所示。所有的子系统中硝酸盐氮的去除率不佳，且以废油基泥浆为底物的亚硝酸盐氮在起初甚至有上升的趋势，这是因为在酸性条件下有利于硝酸盐氮的不彻底还原，导致大量的亚硝酸盐氮产生。

废水 pH 值的变化如图 4.12 所示。由此可见，EC 中废水的 pH 值从 7.2 持续下降至 6.7，转移到 MFC 后废水 pH 值略有上升。这是由于电催化氧化废水中 COD、氨氮过程中需要不断消耗 OH^- 离子，而转移到 MFC 后新陈代谢作用加强，阳极室的 H^+ 转移到阴极室

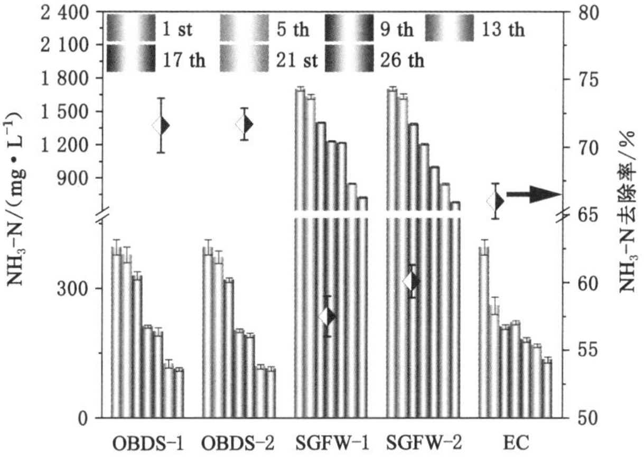

图 4.9　各子系统运行时氨氮变化趋势和去除率

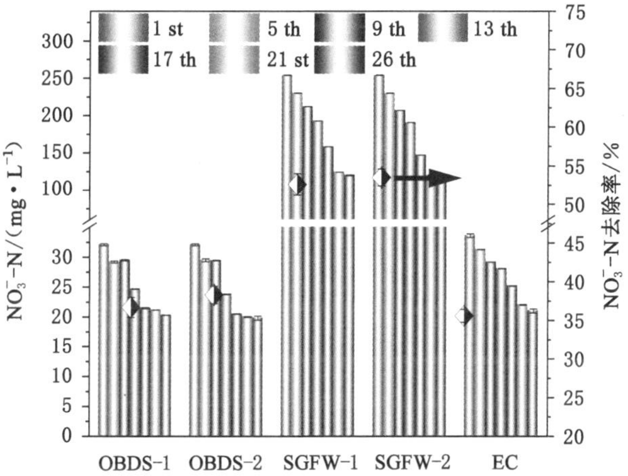

图 4.10　各子系统运行时硝酸盐氮变化趋势和去除率

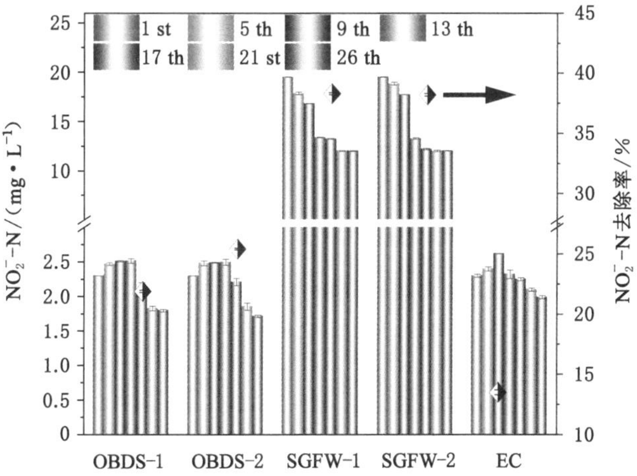

图 4.11　各子系统运行时亚硝酸盐氮变化趋势和去除率

使得废水的 pH 值有所回升。废水的电导率的变化如图 4.13 所示。可以看出，所有的 MFC 的电导率都不是稳定的，欧姆电阻的降低而产生的离子强度增加会提高发电量。电导率起初逐渐升高，在 EC→MFC 后期电导率上升可能是发生了金属离子还原，故电导率下降，产电性能差。

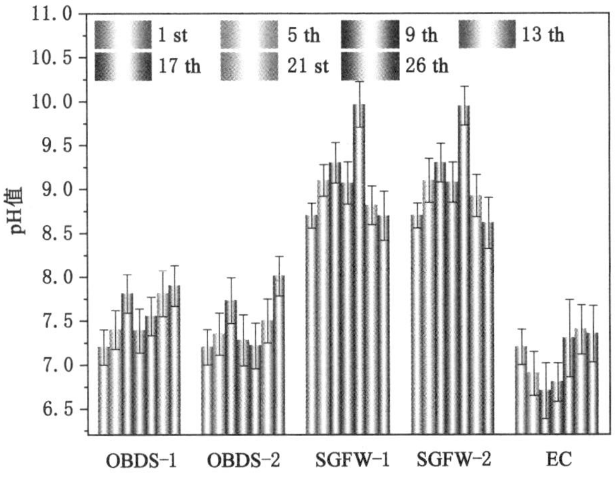

图 4.12 各子系统运行时废水 pH 值的变化趋势

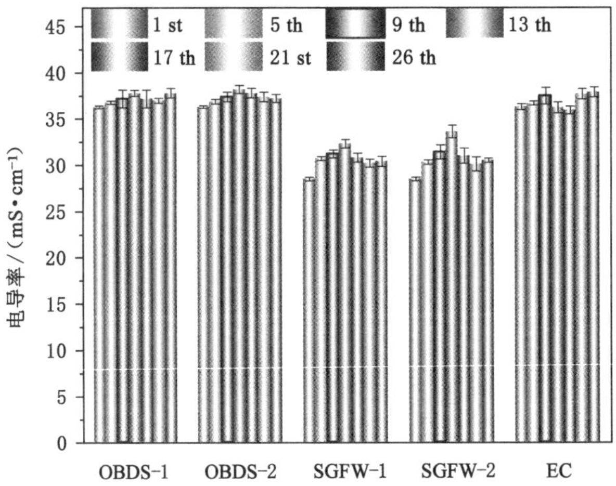

图 4.13 各子系统运行时废水电导率变化趋势

4.2.3 系统的电化学特性

不同阶段下始末的 CV 曲线如图 4.14 所示。可以看出，随运行时间的延长，曲线包围的面积越大，代表其电荷存储能力越强。电位差 ΔE_p 降低，表明较多的活性物质产生，使得电极表面的反应更容易发生。电化学阻抗谱和其拟合数据分别如图 4.15 所示和表 4.2 所列，根据串联组合电池的接触电阻等于串联组合电池的总内阻减去 R_{ct}，计算可知第三阶段的接触内阻最大，进一步解释了功率密度下降的原因。第三阶段溶液电阻(R_s)发生了显著下降，代表溶液的离子浓度发生了显著下降。运行前后的线性伏安曲线如图 4.16 所示，起初运行物质的液相扩散供应快（整体的电流高），同时产生的对流过程使扩散层的厚度显著变薄，从而易形成稳态扩散和 S 形伏安图，达到第三阶段后电化学活性下降。

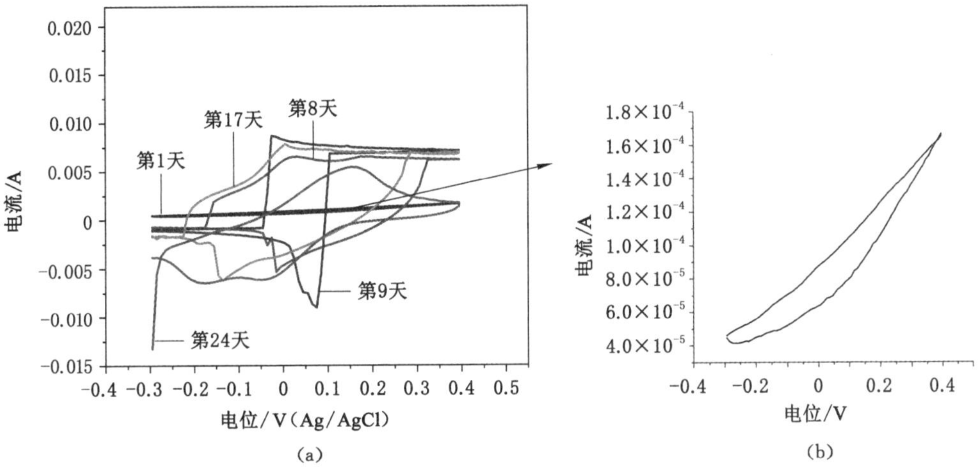

图 4.14　不同阶段下的循环伏安曲线

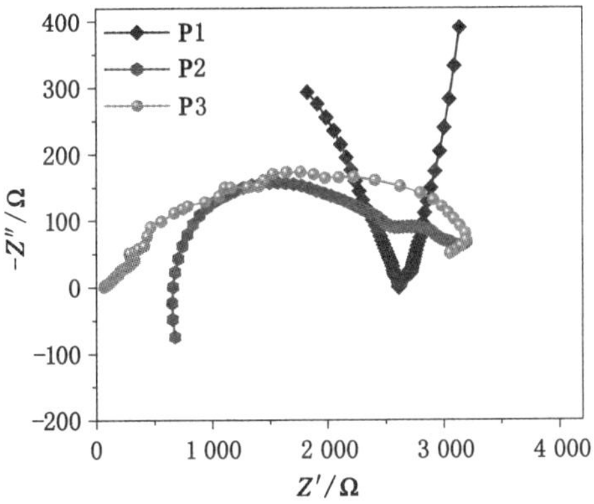

图 4.15　不同阶段下的电化学阻抗谱

表 4.2　不同阶段下奈奎斯特图拟合出的等效电路图的元器件数据

阶段	P1	P2	P3
R_s/Ω	345.46	278.5	126.8
$R_{ct\text{-}c}/\Omega$	2 258	1 604	1 831
CPE-c-T/F	1.57×10^{-6}	1.96×10^{-6}	1.19×10^{-6}
CPE-c-P	0.82	0.78	0.81
R_{ct}-a/Ω	473.7	322.3	677.2
CPE-a-T/F	9.45×10^{-3}	7.6×10^{-3}	6.2×10^{-3}
CPE-a-P	0.59	0.57	0.42

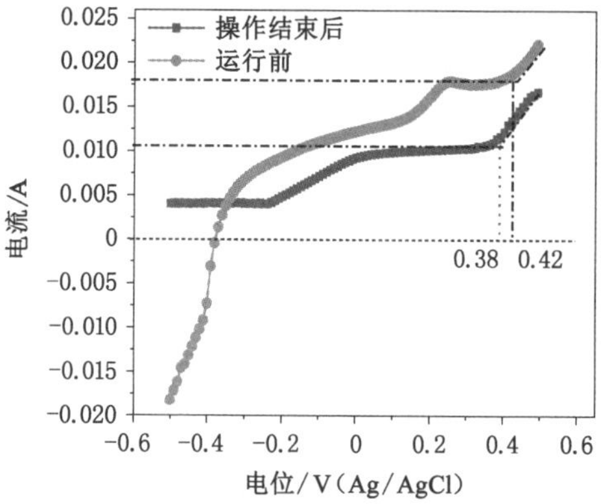

图 4.16　运行前后的线性伏安曲线

4.2.4　阳极微生物形貌表征

对 P1 阶段和 P3 阶段的生物膜进行电镜扫描，其结果如图 4.17 所示。由图 4.17(e)和

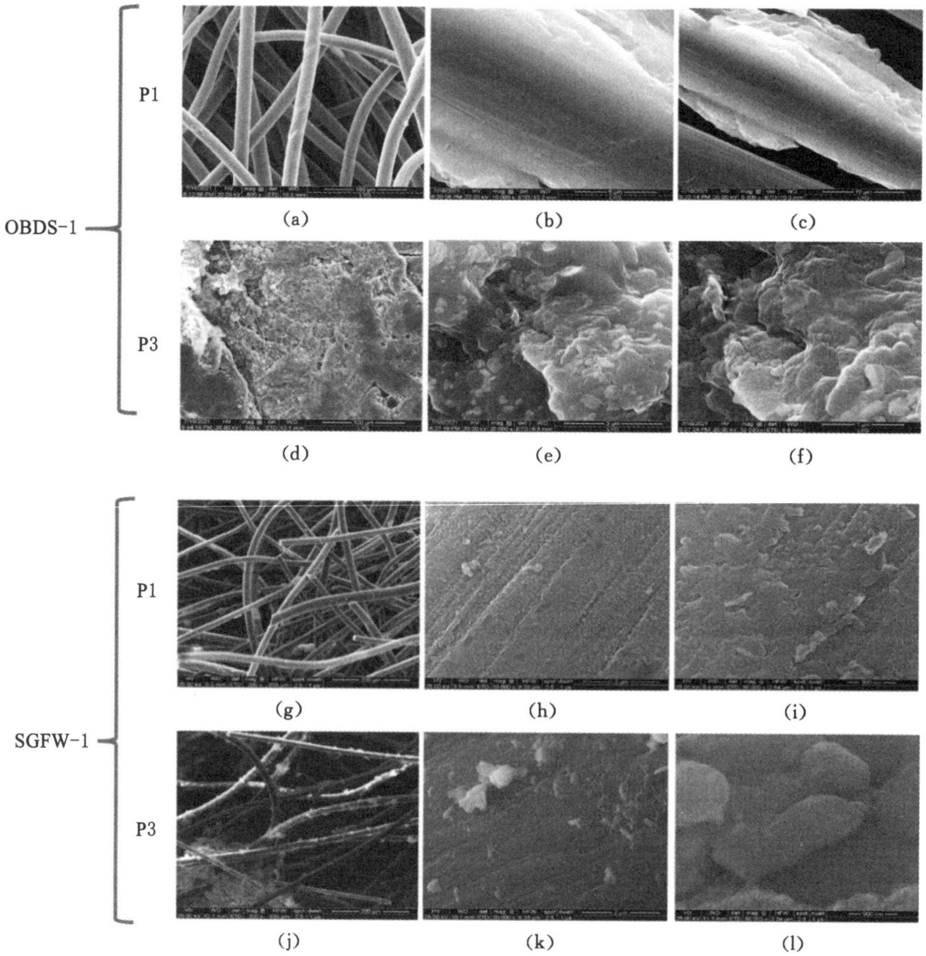

图 4.17　P1 阶段和 P3 阶段的 MFC 生物膜 SEM

图 4.17(f)可以看出，微生物在 P3 阶段聚集更为显著，形成了较厚但不规则的生物膜，这是因为起初以废油基泥浆为底物的微生物燃料电池大多数电子被生物膜释放出来，生物膜附着在阳极电极上。而以页岩气压裂返排废水为底物的 SGFW-1，经过转移以及经泥浆改变底物酸度后，更多的微生物黏附到阳极上形成更为致密生物膜，这种生物膜的生长会增加产电菌可以附着的比表面积，增加了阳极与微生物之间的接触。

4.3　MFCs-EC 并联耦合系统产电性能和污染物去除规律

4.3.1　输出电压和功率密度

并联模式三阶段的输出电压如图 4.18 所示。由图 4.18 可以看出，尽管 MFCs-EC 采用并联模式稳定运行时电压均小于串联模式，但是当多阳极与阳极并联时，电压波动较小，电流显著提升。更换底物后，电压显著下降，表明突然改变的代谢环境和负荷冲击会限制部分产电微生物的增殖代谢。并联电池组较串联电池组的外接电阻小得多，这是由于并联电池组中电子从阳极传递至阴极的阻力较小，加速了电极反应，因而在后期阳极室更换底物

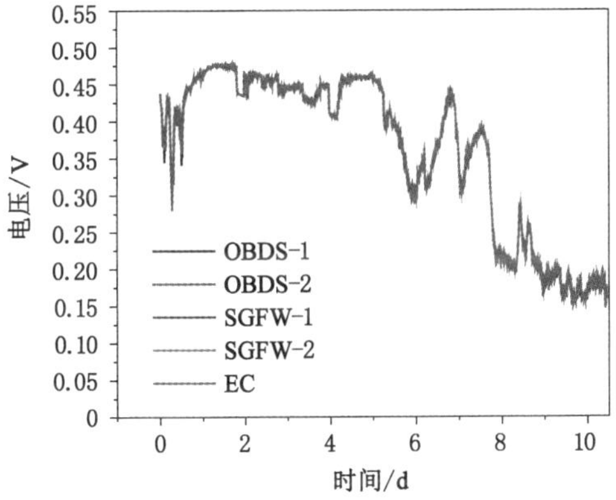

(a) 第一阶段

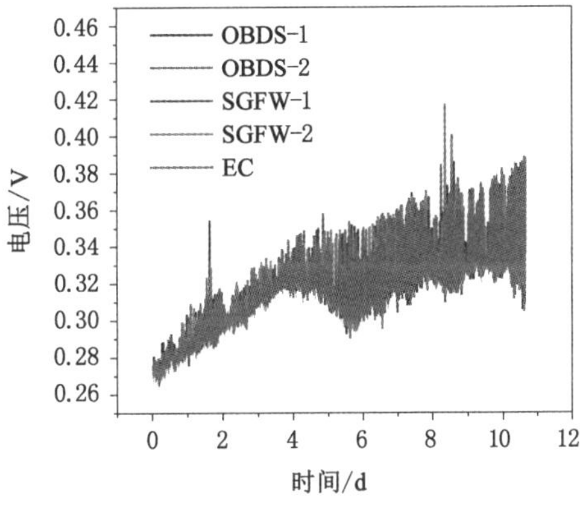

(b) 第二阶段

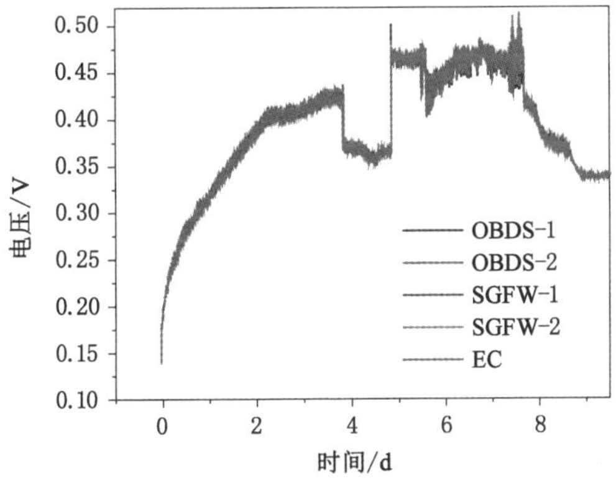

(c) 第三阶段

图 4.18　4PMFCs 模式下不同阶段各 MFC 和 EC 的输出电压

后。尤其是第三阶段，随反应时间增长第一阶段难降解的底物在大电流条件下被消耗，电压仍然处于上升的趋势。

第一阶段与第二、三阶段表现出截然不同的变化趋势，前者是电压不断下降，表明采用并联方式连接电池，组合电池的输出电流值与并联电池的个数基本呈线性增加，最大输出功率处对应的电流密度为 17.85 A/m^2。此外，运行过程中 MFC 没有出现电极反转的现象，这是由于较大电流容量引起的电流变化抑制了反转现象。

从第一阶段到第三阶段，并联导致更多的电子产生并汇集在阳极上，通过导线转移至电化学阴极，并联时的最大输出功率密度可以到达 4.98 W/m^2，高于串联时的 3.92 W/m^2，且远高于 MFC 单独处理油基泥浆或压裂返排废水时最高功率密度的累加数值。由于串联电池组达到最大输出功率所需外接电阻远大于并联电池组，电路中的电流比较小，非电极反应消耗的电子多，且串联电池组由于电池间的差异导致部分能量损失，并联电池组单电池间的相互干扰较少，因而在使用相同的单电池构建的串联、并联电池组时，其最大输出功率密度差异较大[280]。

采用并联方式耦合 EC，各子系统的相关参数列于表 4.3 中。由表 4.1 和表 4.3 可知，串联、并联电池组工作性能有较大差异，相对于串联组，其具有更高的库仑效率，尤其是在第三阶段达到了 46.8%，因为在 P3 阶段更换了高 pH 值的压裂返排废水，为生物膜的生长提供更多活性位点，所以有利于增强电极材料及系统的导电性和提升材料在碱性介质中的长期稳定性等，更有利于提升 EC 的催化效率。在不同时期，随着运行时间增长，由于生物膜的逐渐成熟，阳极催化性能增强，电池组中各单元电池性能变化引起电池组工作性能变化，表现为最大输出功率密度变大，而电池组中各单元 MFC 的内阻从 P1 阶段到 P3 阶段先增加、后降低，使微生物燃料电池组在并联条件下最大输出功率密度也存在相同的趋势(图 4.19)。同时，在获得最大功率密度时，并联电池组的工作电流远大于串联电池组。

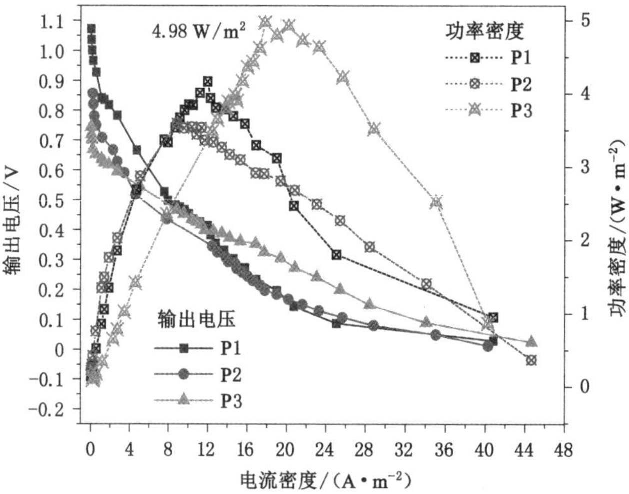

图 4.19 不同阶段耦合系统的功率密度曲线和极化曲线

通过对比表 4.1 和表 4.3 还可以发现，并联电池组较串联电池组的外接电阻较小，甚至低于单体 MFC 运行时的内阻。由于串联电池组达到最大输出功率所需外接电阻远大于并联电池组，因而电路中的电流比较小，非电极反应消耗的电子多；同时，由于串联电池组电池间的差异导致部分能量损失，而并联电池组单电池电流相同，它们相互之间的干扰较少，因而不会造成电极反转现象。

表 4.3　4PMFCs 模式下各时期与各单电池的电能参数

参数	P1					P2					P3				
	OBDS-1	OBDS-2	SGFW-1	SGFW-2	EC	OBDS-1	OBDS-2	SGFW-1	SGFW-2	EC	OBDS-1	OBDS-2	SGFW-1	SGFW-2	EC
最大功率密度/(mW·cm^{-2})	1 342	1 256	982	813	4 150	1 076	982	779	714	3 625	1 563	1 436	992	954	4 980
输出最大电压/mV	475	475	475	475	475	420	420	420	420	420	515	515	515	515	515
表观内阻/Ω	297	305	421	436	203	312	325	4 711	467	254	247	258	326	329	194
开路电位/mV	567	567	567	567	567	483	483	483	483	483	732	732	732	732	732
库仑效率/%	36.1	37.4	29.2	27.6	37.7	36.5	30.5	31.1	34.3	43.6	35.2	36.7	44.6	42.9	46.8

4.3.2　系统底物中污染物的去除效率

从并联耦合系统中各子系统的 COD 去除率（图 4.20）可知，由于 P1 阶段为 EC 提供了更高的电流，提升了电子从阳极表面通过导线传递到阴极的速率，因而废油基泥浆和返排废水的 COD 去除效率最高可达 76.3%和 80.6%，相对于串联系统分别增加了 4.7%和 6.3%。多电极并联提供了更充足的反应动力，故有机物的去除效率较高。同时，废油基泥浆底物的处理顺序不同，效果差异大，这是由于 EC 更换底物后 pH 值可能升高，因而有助于电催化性能的提升。

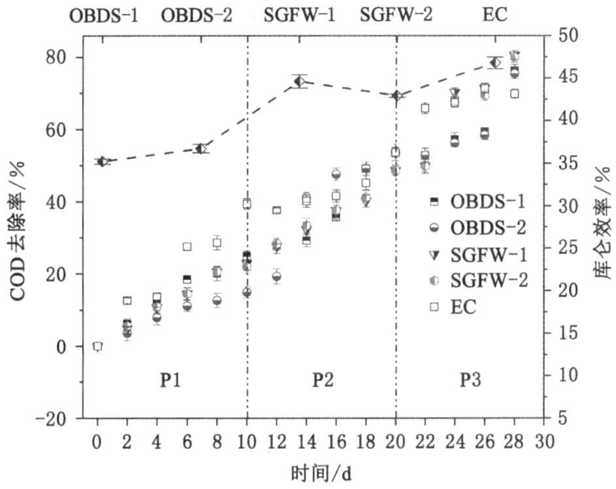

图 4.20　各子系统运行时的 COD 去除率和 P3 阶段的库仑效率

如图 4.21 所示，氨氮的变化趋势及其去除率与串联模式相差不大，而硝酸盐氮变化显著（图 4.22），这是由于大电流密度下有助于硝酸盐氮的彻底还原，因而亚硝酸盐的处理效果相对于串联模式也发生了一定的提升(图 4.23)。废水中的 pH 值变化如图 4.24 所示,进一步阐明了有机物去除率在 P3 阶段上升的原因。如图 4.25 所示,所有的 MFC 的电导率都不是稳定的,欧姆电阻的降低产生的离子强度增加会提高发电量。电导率起初逐渐升高,在EC→MFC 后期电导率降低可能是发生了金属离子还原。通过式(2.4)计算其运行效率可知,该模式下系统电流效率高达 85%以上,这与 MFC 驱动氨电解池的效率相近[281]。

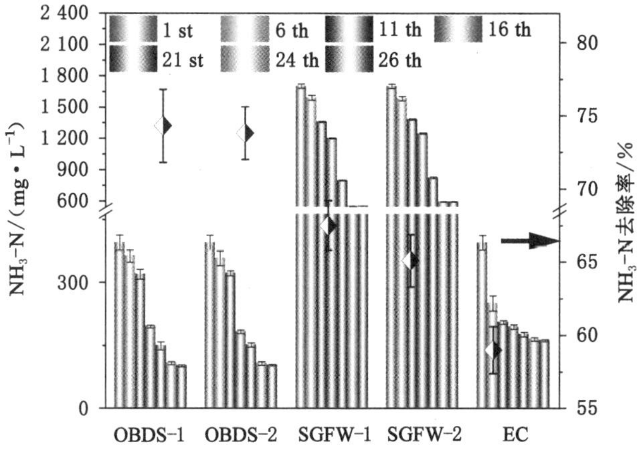

图 4.21　各子系统运行时的氨氮变化趋势和去除率

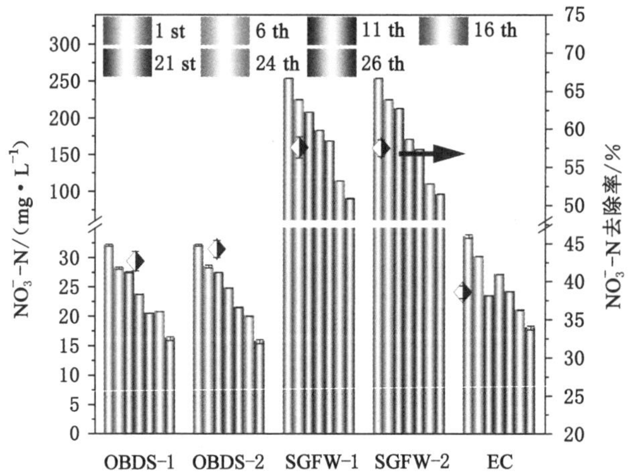

图 4.22　各子系统运行时的硝酸盐氮变化趋势和去除率

4.3.3　MFCs-EC 并联耦合系统的电化学特性

不同扫描速率下的 P1～P3 阶段循环伏安曲线如图 4.26 所示。由图 4.26 可知,最后一个阶段 EC 更换为页岩气返排废水时,峰电流最高,此过程中产生的电子和剩余电子再通过导线迁移至阴极,同时随着扫描速率上升,氧化峰和还原峰位置分别向右和向左移动,表明了该阶段体系具有良好的催化活性,且反应可逆,表明在整个过程中,并联组合 MFCs 可产生更多的电子驱动 EC 发生明显的氧化还原反应,如氨氧化或析氢等。通过奈奎斯特图[图 4.26(d)]及其等效电路拟合结果(表 4.4)可知,阳极侧的传质阻力在运行的第三阶段为

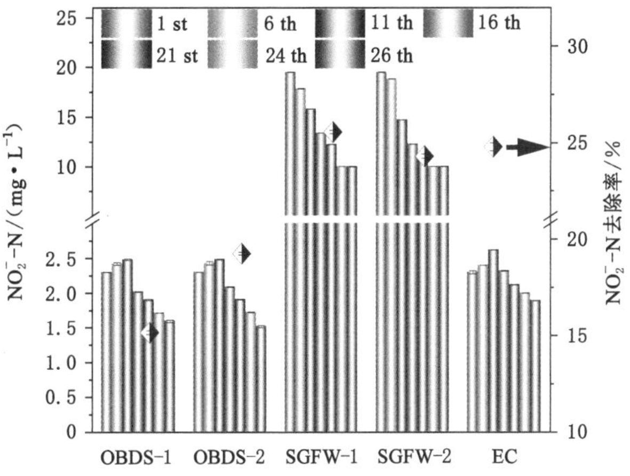

图 4.23　各子系统运行时的亚硝酸盐氮变化趋势和去除率

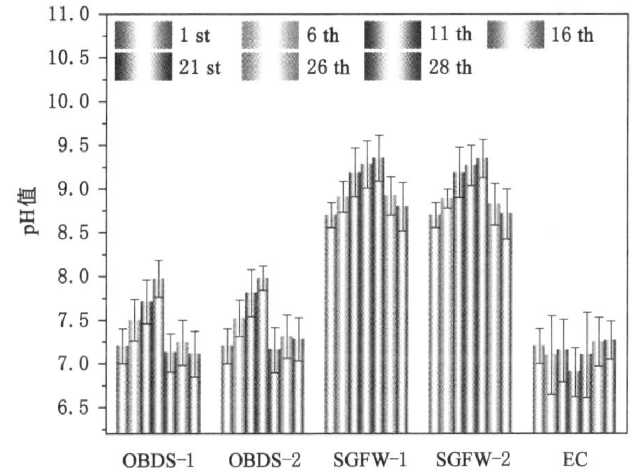

图 4.24　各子系统运行时的 pH 值变化趋势

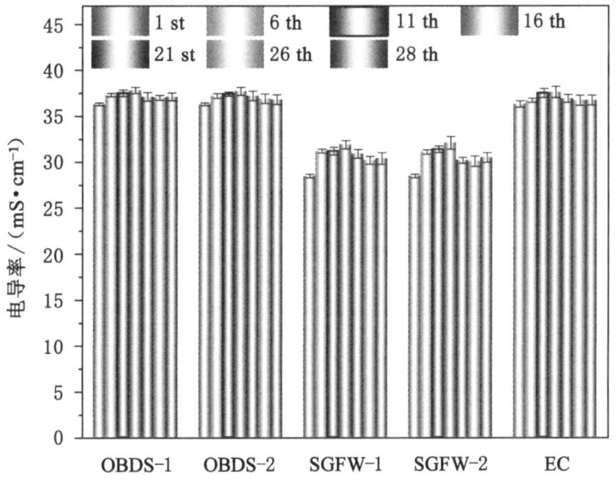

图 4.25　各子系统运行时的电导率变化

49.8 Ω，低于阴极侧的 67.2 Ω，说明并联模式的底物更换对电荷传递起到了促进作用，且这种连接方式将性能较差的电池与电池性能较好的电池通过合理的组合，减小了接触内阻，提升了系统性能。由图 4.26(e)可知，运行结束后的析氧电位从 0.58 V 上升到 0.64 V，进一步解释了催化活性在 P3 阶段的氧化程度明显高于 P1 的原因。

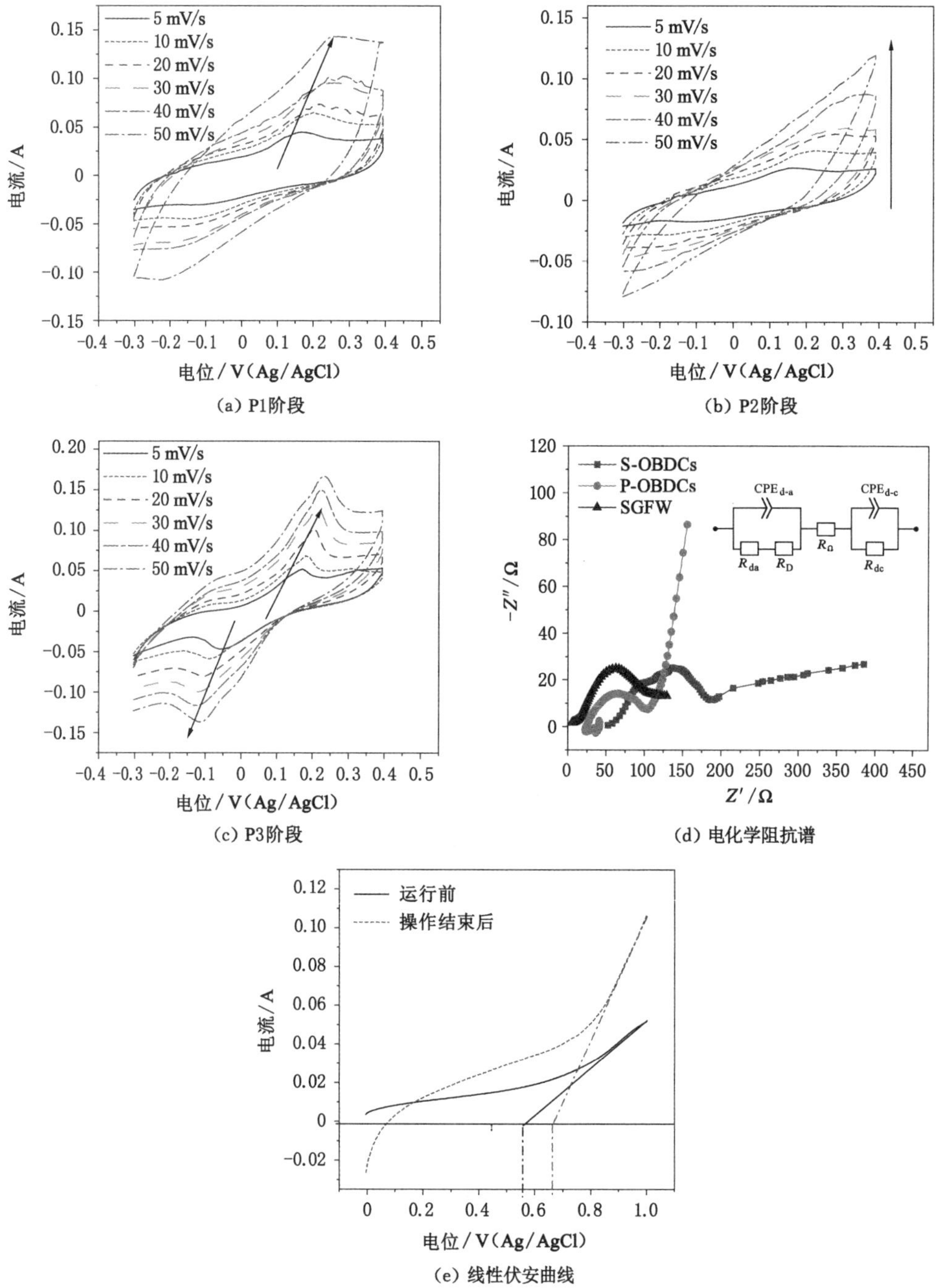

(a) P1阶段　(b) P2阶段

(c) P3阶段　(d) 电化学阻抗谱

(e) 线性伏安曲线

图 4.26　P1～P3 阶段在不同扫描速率下的 CV、EIS 和 LSV 测试结果

表 4.4　不同阶段下的奈奎斯特图及其拟合数据

	P1	P2	P3
R_s/Ω	153.5	87.2	110.4
R_{ct}-a/Ω	83.5	97.2	49.8
CPE-a-T/F	1.63×10^{-3}	1.52×10^{-2}	1.82×10^{-3}
CPE-a-P	0.93	0.85	0.95
R_{ct}-c/Ω	72.4	87.5	67.4
CPE-c-T/F	9.45×10^{-3}	7.60×10^{-3}	6.20×10^{-3}
CPE-c-P	0.34	0.69	0.81

4.3.4　并联模式下的耦合降解机制

4.3.4.1　生物膜形貌表征和微生物元素组成研究

在厌氧条件下，P1 阶段和 P3 阶段的 OBDS-1 和 SGFW-1 的生物膜 SEM 如图 4.27 所示。结果显示，电极表面形成了一定量的生物膜，但生物膜中并没有发现菌毛状的纳米导线，表明生物膜与电极之间可能的直接电子传递主要通过细胞外膜的细胞色素 C 进行，且在大电流条件下，负电荷的产电菌可以在静电力的作用下向阳极进行主动富集。因此，阳极材料的物理和化学特性保证了产电菌在电极表面的富集数量。尤其是在 OBDS-1 的 P3 阶段出现了层叠状的立体生物膜结构，提升了容纳微生物以及介质传递的比表面积。

鉴于并联模式下形成的成熟生物膜，对 OBDS-1 的 P1 阶段和 P3 阶段生物膜进行了 EDS 表征(图 4.28)。结果表明：P1 阶段已经形成了生物炭为主附带其他晶体的生物膜，且在 P3 阶段 C 元素原子百分比提升至 87.83%，说明联合运行有助于较厚的富有产电菌的生物膜的形成，且 S 元素质量占比增加了近 3.2%，体现出 S 还原菌可能参与了反应，提升了含硫化合物的比例。

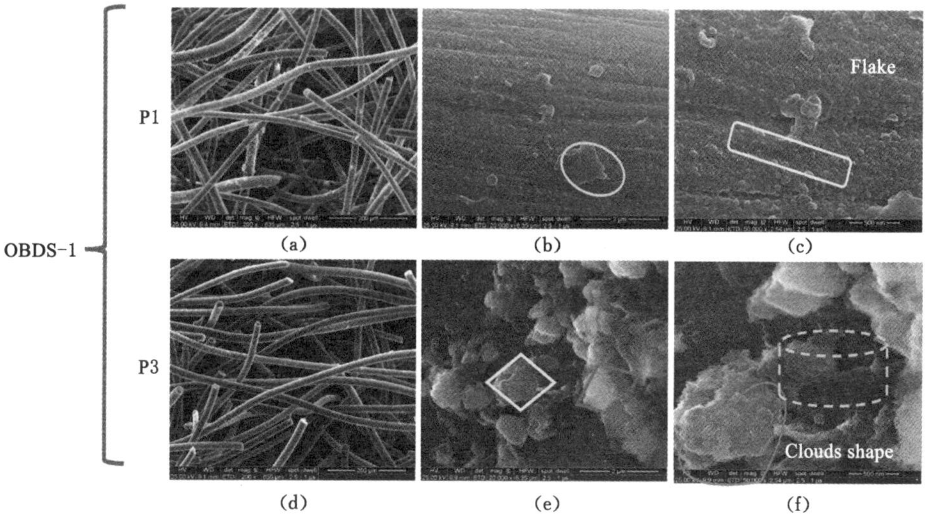

图 4.27　P1 阶段和 P3 阶段的 MFC 生物膜 SEM

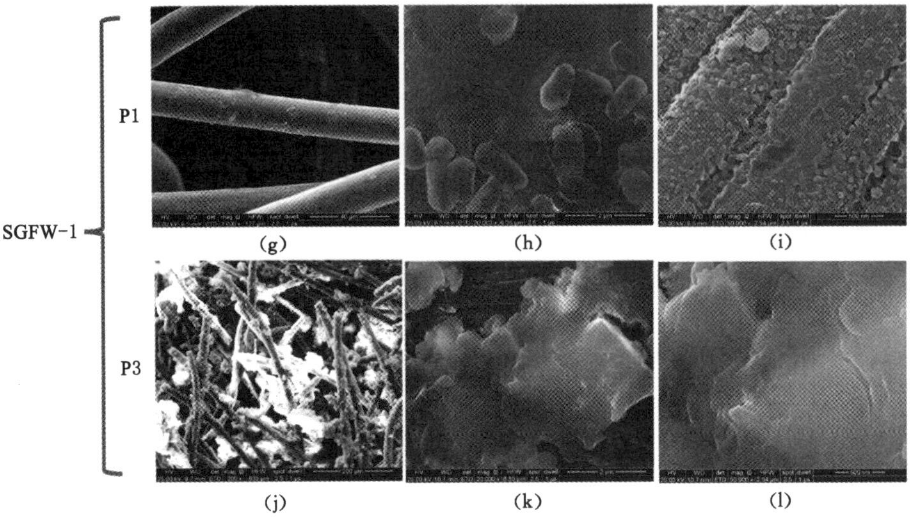

图 4.27 (续)

4.3.4.2 微生物群落结构和底物表征

微生物群落分析分别见表 4.5 和图 4.29 至图 4.32。由表 4.5 可以看出,并联电池组各阶段的微生物菌群种类并无差异,说明阳极生物膜上的微生物主要来源于接种物,以产电菌为主,但各菌群的相对丰富度差异较大。

图 4.29 所示为科水平群落分布结果。在运行的第一阶段,Pseudomonadacede 和 Caulobacteraceae 为主要的优势菌群,相对丰富度分别为 52%和 37%。Candidatus 属于 Firmicutes 门类,是一种典型的产电微生物,该菌群能够通过胞外电子直接传递(无须任何电子介体)的方式,提高电子传递效率,并加快有机物质的水解酸化。Cyclobacteriacede 隶属于一种革兰氏阴性菌 Bacteroidetes,可以代谢碳水化合物、蛋白胨或中间产物,产生可检测的有机酸。Methanomassiliicoccus 属于 Methanogens 门类,该菌群可以接收电子将 Candidatus 菌群产生的挥发性有机酸进一步降解为甲烷和二氧化碳。因此,在耦合装置运行的第一阶段,污泥主要通过以上两种菌群的协同作用运行。在运行的第二阶段,拟杆菌门和变形菌门群落丰富度不断下降,但 Geobacter 菌群相对丰富度比第一阶段有所增加,且物种多样性明显增加,第三阶段物种最为复杂,包括变形菌门、拟杆菌门和地杆菌门等,因此可以增加有机物以及其他可代谢物质的转化途径。

热图模拟(图 4.30)证实了耦合后 MFC 阳极室存在大量的假单细胞菌,该菌属可利用硝酸盐作为受氢体在厌氧条件下生长;柄杆菌科可氧化多样的硫化合物,而且可以代谢多种碳水化合物,产生乳酸、乙酸、甲酸等中间产物,为其他异养细菌如厌氧氨氧化细菌提供营养物质,它们可将短链纤维素、淀粉和蛋白质等物质分解为小分子的糖和酸等,同时可为产电微生物提供直接分解底物。图 4.31 所示的稀释曲线表明,代表 OTU 的 sob 指标相对于降解废油基泥浆的群落分析至少提升了 150,且运行的最后一阶段阳极更高,MFC 可以利用底物更替后的水解细菌进一步分解废油基泥浆和返排废水中可降解的大分子物质,同时继续富集接种物中的产电细菌,分解小分子有机物进一步产生电能,避免挥发性脂肪酸

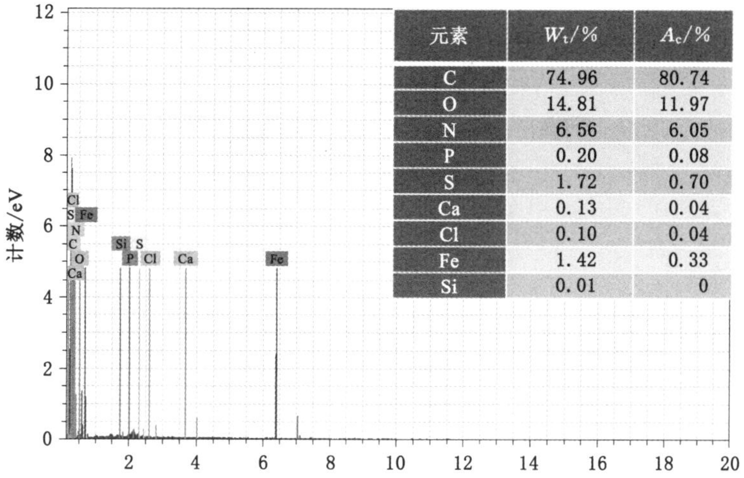

元素	W_t/%	A_c/%
C	74.96	80.74
O	14.81	11.97
N	6.56	6.05
P	0.20	0.08
S	1.72	0.70
Ca	0.13	0.04
Cl	0.10	0.04
Fe	1.42	0.33
Si	0.01	0

(a) P1阶段

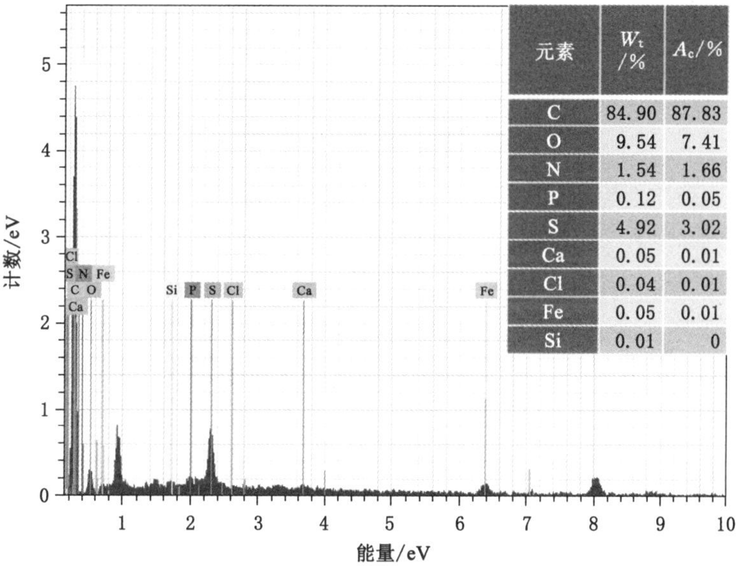

元素	W_t/%	A_c/%
C	84.90	87.83
O	9.54	7.41
N	1.54	1.66
P	0.12	0.05
S	4.92	3.02
Ca	0.05	0.01
Cl	0.04	0.01
Fe	0.05	0.01
Si	0.01	0

(b) P3阶段

图 4.28　运行结束时生物膜的 EDS

(VFA)等的大量累积。来自压裂返排废水和废油基泥浆中的水解细菌与来自接种物中的产电菌，因为在 MFC 体系中可以互利共生，所以在较高 COD 浓度条件下，MFC 可持续产电，没有出现高浓度有机质抑制新陈代谢的情况。PC1 和 PC2 其对应的主导成分分别为 71%和 17%，占据了全信息的 88%左右，基本可以反映样品的信息。如图 4.32 所示，P1 阶段和 P2 阶段的样品均离活性污泥原样距离较远，并且除了 P3 阶段和 P3-A 阶段距离近外，其余样品的差距较大，说明弱碱性电极液样品和上清液样品中的微生物群落结构差异较小，而酸性和中性条件下微生物群落分布情况差异较大。

表 4.5 微生物群落和多样性信息的基因克隆文库

样品	ACE[1]	chao[1]	Sobs[2]	Shannon[2]	Simpson[3]	Coverage	Simpsoneven
P1	217.05	223.13	172.00	1.75	0.29	1.00	0.02
P2	248.85	240.52	210.00	2.98	0.11	1.00	0.04
P3	318.55	315.00	300.00	2.88	0.10	1.00	0.03
P3-A	458.70	456.50	451.00	3.67	0.07	1.00	0.03

注：1—群落丰度与数值成正比。
2—群落内多样性与数值成正比。
3—群落内多样性与数值成反比。

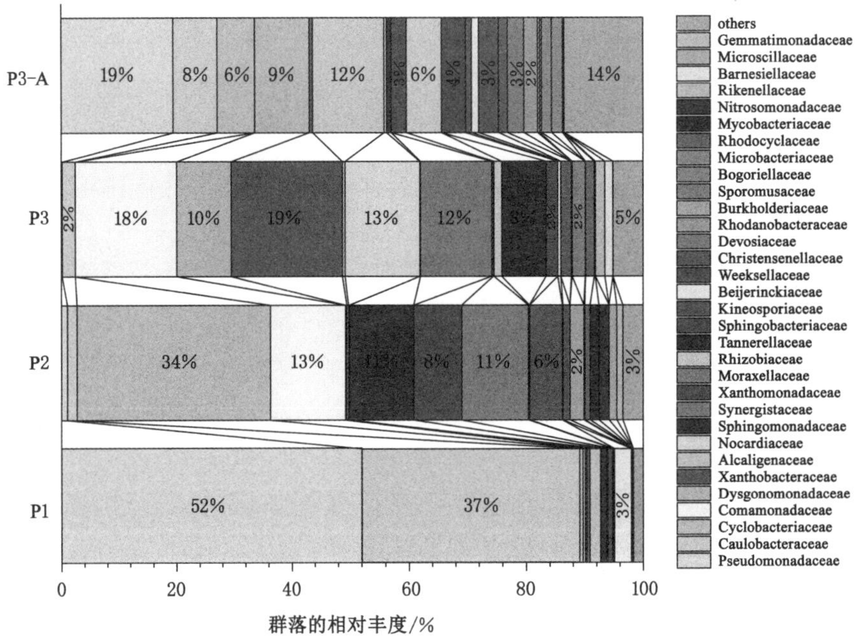

图 4.29 科水平阳极生物膜上的微生物群落

底物(OBDS-1)在 P1 阶段和 P3 阶段的 FTIR 如图 4.33 所示。由此可知，—OH 官能团一般位于 3 200～3 400 cm^{-1}，处理后的峰包围的区域显著降低，代表该链发生断裂，可能矿化成二氧化碳等小分子。1 432 cm^{-1} 和 1 437 cm^{-1} 的峰属于—CH 的直链烷烃结构的形变振动，而直链烷烃正是柴油的主要组成成分。在耦合连续处理后，该峰强度明显降低，证明处理后的底物中直链烷烃成分减少。在 P1 阶段运行结束时，更换到 P3 阶段时，C—O 的伸缩振动吸收(1 000～1 300 cm^{-1})明显减弱，说明联合运行底物的芳香族化合物消耗较多。底物的 XRD 结果(图 4.34)显示，衍射峰减弱程度要远大于单个 MFC 处理废油基泥浆底物的变化，且残留的底物是以 SiO_2 和 $BaSO_4$ 为主的矿物质。

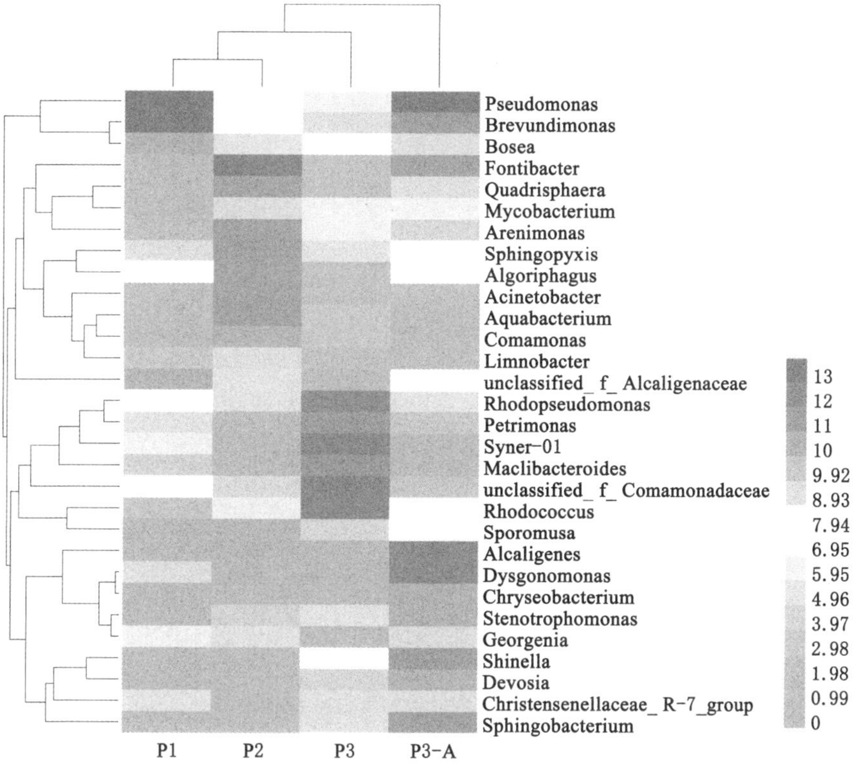

图 4.30　属层次的样本聚类分析和热图

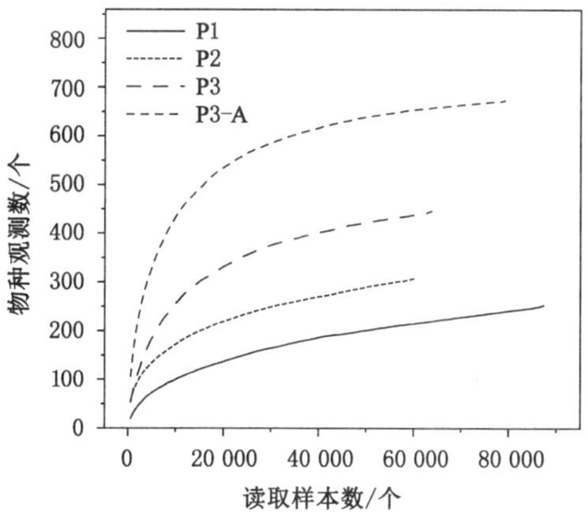

图 4.31　微生物群落的稀疏曲线

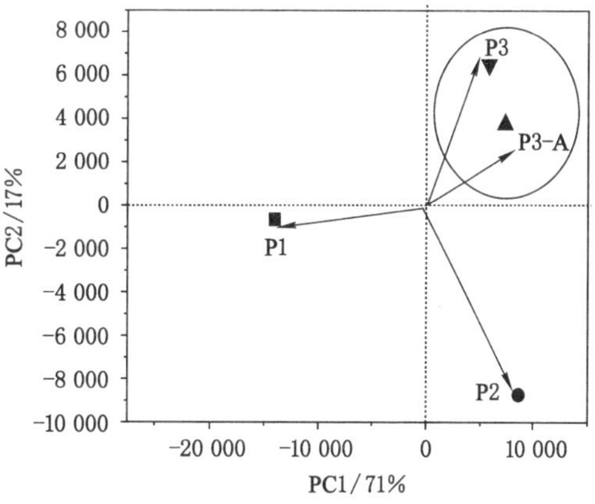

图 4.32　基于目水平的主坐标分析

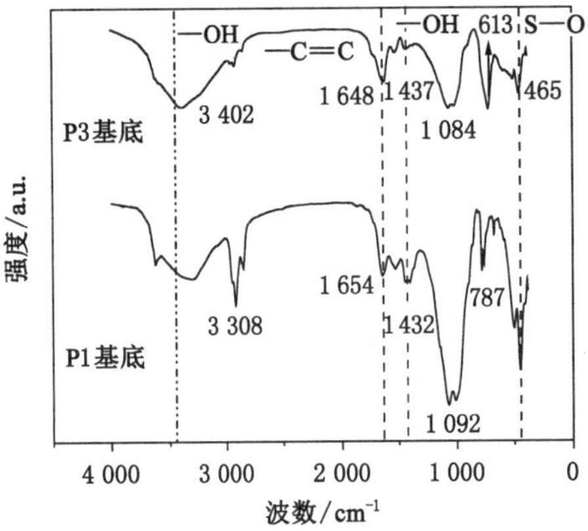

图 4.33 阳极室基底在 P1 阶段和 P3 阶段中的 FTIR

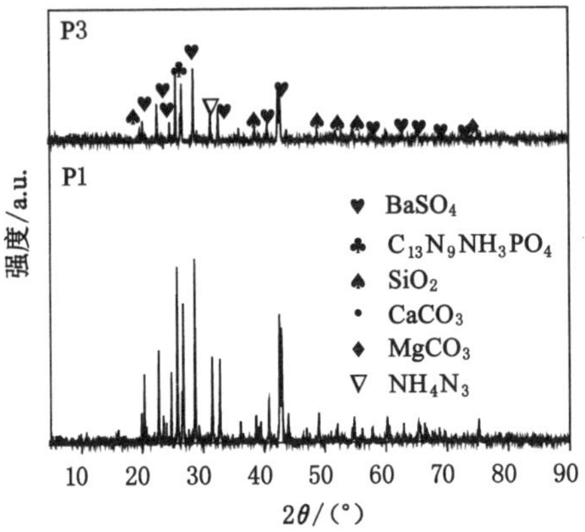

图 4.34 阳极室基底在 P1 阶段和 P3 阶段中的 XRD

参考文献

[1] ROZELL D J, REAVEN S J. Water pollution risk associated with natural gas extraction from the Marcellus Shale[J]. Risk analysis: an official publication of the society for risk analysis, 2012, 32(8): 1382-1393.

[2] MAGUIRE-BOYLE S J, BARRON A R. Organic compounds in produced waters from shale gas wells[J]. Environmental science processes & impacts, 2014, 16(10): 2237-2248.

[3] 卢培利,邱哲,张代钧,等.页岩气开采返排废水有机污染物研究进展与展望[J].化工进展,2018,37(3):1161-1166.

[4] WANG Q, YANG Z M. Industrial water pollution, water environment treatment, and health risks in China[J]. Environmental pollution, 2016, 218: 358-365.

[5] CHEN Y X, LIN M W, ZHUANG D. Wastewater treatment and emerging contaminants: bibliometric analysis[J]. Chemosphere, 2022, 297: 133932.

[6] LAI W Y. Pesticide use and health outcomes: evidence from agricultural water pollution in China[J]. Journal of environmental economics and management, 2017, 86: 93-120.

[7] DWIVEDI S, MISHRA S, TRIPATHI R D. Ganga water pollution: a potential health threat to inhabitants of Ganga Basin[J]. Environment international, 2018, 117: 327-338.

[8] ESTRADA J M, BHAMIDIMARRI R. A review of the issues and treatment options for wastewater from shale gas extraction by hydraulic fracturing[J]. Fuel, 2016, 182: 292-303.

[9] FENG Q, XU L J, LIU C L, et al. Treatment of shale gas fracturing wastewater using microbial fuel cells: mixture of aging landfill leachate and traditional aerobic sludge as catholyte[J]. Journal of cleaner production, 2020, 269: 121776.

[10] 杨政鑫.钴酸镍与磷化镍修饰阳极对 MFC 处理难降解废水的影响[D].重庆:重庆大学,2022.

[11] 张腾.改性 Co_3O_4 对微生物燃料电池处理垃圾渗滤液混合页岩气返排废水性能的影响[D].重庆:重庆大学,2022.

[12] 王越,陈天欣,杨杰,等.页岩气压裂返排液处理现状与研究应用前景[J].广东化工,

2021,48(21):119-121.
[13] 杨德敏,夏宏,袁建梅,等.页岩气压裂返排废水处理方法探讨[J].环境工程,2013,31(6):31-36.
[14] 范青玉,何焕杰,王永红,等.钻井废水和酸化压裂作业废水处理技术研究进展[J].油田化学,2002,19(4):387-390.
[15] CHO H,CHOI Y,LEE S. Effect of pretreatment and operating conditions on the performance of membrane distillation for the treatment of shale gas wastewater[J]. Desalination,2018,437:195-209.
[16] ZHANG H,WU B C,LI X C,et al. Electrocoagulation treatment of shale gas drilling wastewater:performance and statistical optimization[J]. The science of the total environment,2021,794:148436.
[17] 魏平方,邓皓.电气浮法去除钻井废水 COD 机理研究[J].油气田环境保护,2017,27(5):1-4.
[18] 杨德敏,夏宏,程方平,等.Fe/C 微电解耦合 H_2O_2 氧化处理页岩气钻井废水[J].环境工程学报,2016,10(11):6473-6478.
[19] 冯岐,刘德蓉,等.电絮凝-过硫酸盐氧化协同工艺处理页岩气压裂返排废水[J].化工环保,2018,38(3):317-322.
[20] LIU Q,XIE Q H,ZHOU Z J,et al. Combined effect of ozone and PTFE membrane on treating shale gas produced wastewater in Fuling Shale Gas Field[J]. Desalination and water treatment,2019,140:183-188.
[21] 杨德敏,袁建梅.一种用于页岩气压裂返排废水的组合处理方法:CN102701486B[P].2013-12-25.
[22] 陈志军,朱烨,左浩然,等.光催化氧化压裂返排污水处理装置:CN206599468U[P].2017-10-31.
[23] 冯岐,何芳,刘德蓉,等.基于 RuO_2-PPy 复合电极的制备及其电催化性能研究[J].表面技术,2018,47(12):105-112.
[24] 王湧.水质多变型油田作业废水模块化处理工艺原理与应用[D].西安:西安建筑科技大学,2021.
[25] 安文忠,陈建兵,牟小军,等.钻屑回注技术及其在国内油田的首次应用[J].石油钻探技术,2003,31(1):22-25.
[26] CHEN Z,CHEN Z L,YIN F J,et al. Supercritical water oxidation of oil-based drill cuttings[J]. Journal of hazardous materials,2017,332:205-213.
[27] ROBINSON J P, KINGMAN S W, SNAPE C E, et al. Scale-up and design of a continuous microwave treatment system for the processing of oil-contaminated drill cuttings[J]. Chemical engineering research and design,2010,88(2):146-154.
[28] PALADINO G, ARRIGONI J P, SATTI P, et al. Bioremediation of heavily hydrocarbon-contaminated drilling wastes by composting[J]. International journal of environmental science and technology,2016,13(9):2227-2238.
[29] 陈忠.页岩气油基钻屑的超临界水氧化处理研究[D].重庆:中国科学院大学(中国科学

院重庆绿色智能技术研究院),2018.

[30] LIU T T,TIAN L F,YANG L Y,et al. Emissions of BTEXs,NMHC,PAHs,and PCDD/Fs from co-processing of oil-based drilling cuttings in brick kilns[J]. Journal of environmental management,2022,304:114170.

[31] SUN Y J,ZHU S C,SUN W Q,et al. Degradation of high-chemical oxygen demand concentration pesticide wastewater by 3D electrocatalytic oxidation[J]. Journal of environmental chemical engineering,2019,7(4):103276.

[32] SAHU O,SARKAR M. Separations of pollutants from sugar processing industry: treatment and characterization[J]. Separation science and technology,2022,57(5):801-821.

[33] LOTFI N,SHAHRABI T,YAGHOUBINEZHAD Y,et al. Surface modification of Ni foam by the dendrite Ni-Cu electrode for hydrogen evolution reaction in an alkaline solution[J]. Journal of electroanalytical chemistry,2019,848:113350.

[34] ERBAY C,ERGÜN S. Random number generator based on miniature microbial fuel cells[C] //2020 IEEE Asia Pacific Conference on Circuits and Systems (APCCAS). Ha Long,Vietnam. IEEE,2020:129-132.

[35] YAVUZ Y,KOPARAL A S,ÖĞÜTVEREN Ü B. Treatment of petroleum refinery wastewater by electrochemical methods[J]. Desalination,2010,258(1/2/3):201-205.

[36] TANG H L,TANG L L,XIE Y F. Aerated electrolysis for reducing impacts of shale gas production wastewater on water sources regarding disinfection byproduct formation[J]. Environmental science & technology letters,2018,5(11):681-686.

[37] CUI W,YAN Z L,TANG Z,et al. Experimental study on the treatment of tertiary oil recovery wastewater via a novel electro-coagulation method[J]. Fluid dynamics & materials processing,2023,19(1):51-60.

[38] MOOK W T,CHAKRABARTI M H,AROUA M K,et al. Removal of total ammonia nitrogen (TAN), nitrate and total organic carbon (TOC) from aquaculture wastewater using electrochemical technology: a review[J]. Desalination,2012,285:1-13.

[39] NIDHEESH P V,MURSHID A,CHANIKYA P. Combination of electrochemically activated persulfate process and electro-coagulation for the treatment of municipal landfill leachate with low biodegradability[J]. Chemosphere,2023,338:139449.

[40] TAO H C,LEI T,SHI G,et al. Removal of heavy metals from fly ash leachate using combined bioelectrochemical systems and electrolysis [J]. Journal of hazardous materials,2014,264:1-7.

[41] ALI N,YEOH C,LAU S,et al. An enhanced treatment efficiency for diluted palm oil mill effluent using a photo-electro-Fenton hybrid system[J]. Journal of the serbian chemical society,2019,84(5):517-526.

[42] BAGASTYO A Y, RADJENOVIC J, MU Y, et al. Electrochemical oxidation of reverse osmosis concentrate on mixed metal oxide (MMO) titanium coated electrodes

[J]. Water research,2011,45(16):4951-4959.
[43] 程佳鑫,李荣兴,杨海涛,等. 三维电催化氧化处理难生化降解有机废水研究进展[J]. 环境化学,2022,41(1):288-304.
[44] MODAK A, MOHAN R, RAJAVELU K, et al. Metal-organic polymer-derived interconnected Fe-Ni alloy by carbon nanotubes as an advanced design of urea oxidation catalysts[J]. ACS applied materials & interfaces,2021,13(7):8461-8473.
[45] CHEN X, LIU Q, BAI T, et al. Nickel and cobalt sulfide-based nanostructured materials for electrochemical energy storage devices [J]. Chemical engineering journal,2021,409:127237.
[46] 李宁,丁大勇,黎德育. 非晶态 Ni-Co-P 膜层在碱性介质中的电催化析氢性能[J]. 哈尔滨工业大学学报,2005,37(9):1185-1188.
[47] 李聪,许洪胤,杜朝军,等. 电沉积 Ni-Mo-P 合金及其析氢电催化性能的研究[J]. 电镀与环保,2005,25(1):2.
[48] MAN H W,TSANG C S,LI M M J,et al. Transition metal-doped nickel phosphide nanoparticles as electro- and photocatalysts for hydrogen generation reactions[J]. Applied catalysis B:environmental,2019,242:186-193.
[49] GANCI F,PATELLA B,CANNATA E,et al. Ni alloy nanowires as high efficiency electrode materials for alkaline electrolysers[J]. International journal of hydrogen energy,2021,46(72):35777-35789.
[50] LI Y Q, CAI X F, ZHANG G Q, et al. Optimization of electrodeposition nanocrytalline Ni-Fe alloy coatings for the replacement of Ni coatings[J]. Journal of alloys and compounds,2022,903:163761.
[51] TOGHRAEI A,SHAHRABI T,BARATI DARBAND G. Electrodeposition of self-supported Ni-Mo-P film on Ni foam as an affordable and high-performance electrocatalyst toward hydrogen evolution reaction[J]. Electrochimica acta, 2020, 335:135643.
[52] WANG T Z,CAO X J,JIAO L F. Ni_2P/NiMoP heterostructure as a bifunctional electrocatalyst for energy-saving hydrogen production[J]. Science,2021,1(1):69-74.
[53] RASHIDI A M, AMADEH A. The effect of current density on the grain size of electrodeposited nanocrystalline nickel coatings[J]. Surface and coatings technology, 2008,202(16):3772-3776.
[54] WASEKAR N P, HARIDOSS P, SESHADRI S K, et al. Influence of mode of electrodeposition,current density and saccharin on the microstructure and hardness of electrodeposited nanocrystalline nickel coatings[J]. Surface and coatings technology, 2016,291:130-140.
[55] ZHANG T,ZHU X,YE D D,et al. Cyclic voltammetry electrodeposition of well-dispersed Pd nanoparticles on carbon paper as a flow-through anode for microfluidic direct formate fuel cells[J]. Nanoscale,2020,12(39):20270-20278.
[56] BAI A, HU C C. Effects of electroplating variables on the composition and

morphology of nickel-cobalt deposits plated through means of cyclic voltammetry[J]. Electrochimica acta,2002,47(21):3447-3456.

[57] CHEN M X, QI J, ZHANG W, et al. Electrosynthesis of NiP_x nanospheres for electrocatalytic hydrogen evolution from a neutral aqueous solution[J]. Chemical communications,2017,53(40):5507-5510.

[58] 刘屹. 钛基 SnO_2 电极和改性石墨电极的制备及处理焦化废水中挥发酚的应用研究[D]. 长春:吉林大学,2015.

[59] NIDHEESH P V,GOPINATH A,RANJITH N,et al. Potential role of biochar in advanced oxidation processes: a sustainable approach[J]. Chemical engineering journal,2021,405:126582.

[60] MADRIAGA V G C,MATTOS J P R,ROSSA V,et al. Metal-contaminated biochars as cheap and more sustainable catalysts for furfural conversion to value-added compounds[J]. Molecular catalysis,2022,531:112692.

[61] PAN X Q,GU Z P,CHEN W M,et al. Preparation of biochar and biochar composites and their application in a Fenton-like process for wastewater decontamination: a review[J]. Science of the total environment,2021,754:142104.

[62] ZHANG P,O'CONNOR D,WANG Y N,et al. A green biochar/iron oxide composite for methylene blue removal[J]. Journal of hazardous materials,2020,384:121286.

[63] LU L L,SHAN R,SHI Y Y,et al. A novel TiO_2/biochar composite catalysts for photocatalytic degradation of methyl orange[J]. Chemosphere,2019,222:391-398.

[64] LOURENÇO M A O,ZENG J Q,JAGDALE P,et al. Biochar/zinc oxide composites as effective catalysts for electrochemical CO_2 reduction[J]. ACS sustainable chemistry & engineering,2021,9(15):5445-5453.

[65] KAUSHAL I,SAHARAN P,KUMAR V,et al. Superb sono-adsorption and energy storage potential of multifunctional Ag-Biochar composite[J]. Journal of alloys and compounds,2019,785:240-249.

[66] QUAN G X,WANG H,ZHU F,et al. Porous biomass carbon coated with SiO_2 as high performance electrodes for capacitive deionization[J]. BioResources, 2017, 13(1):437-449.

[67] LI P Y,XIE H Y,WANG X Q,et al. Sustainable production of nano α-Fe_2O_3/N-doped biochar hybrid nanosheets for supercapacitors[J]. Sustainable energy & fuels,2020,4(9):4522-4530.

[68] CAGUIAT J N,ARPINO G,KRIGSTIN S G,et al. Dependence of supercapacitor performance on macro-structure of monolithic biochar electrodes[J]. Biomass and bioenergy,2018,118:126-132.

[69] MIKOS-SZYMAŃSKA M, RUSEK P, BOROWIK K, et al. Characterization of drilling waste from shale gas exploration in Central and Eastern Poland[J]. Environmental science and pollution research,2018,25(36):35990-36001.

[70] GAEVAYA E,TARASOVA S,BYTSKO A. The environmental impact of drilling

sludge and ways of their utilization[J]. Journal of ecological engineering, 2019, 20 (7): 26-30.

[71] HOU Y F, QI S D, YOU H P, et al. The study on pyrolysis of oil-based drilling cuttings by microwave and electric heating [J]. Journal of environmental management, 2018, 228: 312-318.

[72] QIU Z Z, ZHAI Y B, LI S H, et al. Catalytic co-pyrolysis of sewage sludge and rice husk over biochar catalyst: bio-oil upgrading and catalytic mechanism[J]. Waste management, 2020, 114: 225-233.

[73] XIA Z B, YANG H, SUN J F, et al. Co-pyrolysis of waste polyvinyl chloride and oil-based drilling cuttings: pyrolysis process and product characteristics analysis[J]. Journal of cleaner production, 2021, 318: 128521.

[74] LIN Y, LIAO Y F, YU Z S, et al. Co-pyrolysis kinetics of sewage sludge and oil shale thermal decomposition using TGA-FTIR analysis [J]. Energy conversion and management, 2016, 118: 345-352.

[75] WANG Y Z, LI D N, ZHAO D D, et al. Calcium-loaded municipal sludge-biochar as an efficient and stable catalyst for biodiesel production from vegetable oil[J]. ACS omega, 2020, 5(28): 17471-17478.

[76] JASMINE J, MUKHERJI S. Characterization of oily sludge from a refinery and biodegradability assessment using various hydrocarbon degrading strains and reconstituted consortia [J]. Journal of environmental management, 2015, 149: 118-125.

[77] FENG Q, XU L J, LIU C L, et al. Enhancing the anode performance of microbial fuel cells in the treatment of oil-based drill sludge by adjusting the stirring rate and supplementing oil-based drill cuttings[J]. Sustainable energy & fuels, 2021, 5(22): 5773-5788.

[78] KWAPINSKI W, BYRNE C M P, KRYACHKO E, et al. Biochar from biomass and waste[J]. Waste and biomass valorization, 2010, 1(2): 177-189.

[79] LEE Y, PARK J, RYU C, et al. Comparison of biochar properties from biomass residues produced by slow pyrolysis at 500 ℃[J]. Bioresource technology, 2013, 148: 196-201.

[80] BAO D D, LI Z W, LIU X, et al. Biochar derived from pyrolysis of oily sludge waste: structural characteristics and electrochemical properties[J]. Journal of environmental management, 2020, 268: 110734.

[81] CHEN Z, ZHENG Z J, LI D Y, et al. Continuous supercritical water oxidation treatment of oil-based drill cuttings using municipal sewage sludge as diluent[J]. Journal of hazardous materials, 2020, 384: 121225.

[82] 冯岐. 电解法处理页岩气返排废水的研究及其安全性分析[D]. 重庆：重庆科技学院，2018.

[83] ZHI K D, LIU Q S, ZHAO R G, et al. Preparation and characterization of Cu-Ce-La

mixed oxide as water-gas shift catalyst for fuel cells application[J]. Journal of rare earths, 2008, 26(4): 538-543.

[84] ZHAO H Y, XIA J L, YIN D D, et al. Rare earth incorporated electrode materials for advanced energy storage[J]. Coordination chemistry reviews, 2019, 390: 32-49.

[85] KONG J T, SHI S Y, KONG L C, et al. Preparation and characterization of PbO_2 electrodes doped with different rare earth oxides[J]. Electrochimica acta, 2007, 53(4): 2048-2054.

[86] JIANG W Q, CHEN Y J, HU M R, et al. Rare earth-Mg-Ni-based alloys with superlattice structure for electrochemical hydrogen storage[J]. Journal of alloys and compounds, 2021, 887: 161381.

[87] YAMAUCHI M, ITAGAKI Y, AONO H, et al. Reactivity and stability of rare earth oxide-Li_2CO_3 mixtures[J]. Journal of the european ceramic society, 2008, 28(1): 27-34.

[88] ZHU Y N, CHEN B Q, CHENG T S, et al. Deposit amorphous Ni-Co-B-RE (RE=Ce, Gd and Nd) on nickel foam as a high performance and durable electrode for hydrogen evolution reaction[J]. Journal of electroanalytical chemistry, 2020, 878: 114552.

[89] WANG L L, TANG L M, HUANG G F, et al. Preparation of amorphous rare-earth films of Ni-Re-P (Re=Ce, Nd) by electrodeposition from an aqueous bath[J]. Surface and coatings technology, 2005, 192(2/3): 208-212.

[90] DAI Q Z, XIA Y J, CHEN J M. Mechanism of enhanced electrochemical degradation of highly concentrated aspirin wastewater using a rare earth La-Y Co-doped PbO_2 electrode[J]. Electrochimica acta, 2016, 188: 871-881.

[91] RADHA M, KANMANI S. Performance of cathode catalysts for bio-electricity from paper recycling, wastewater-fed, microbial fuel cells[J]. Current science, 2017, 113(3): 468.

[92] 杨志刚. 藻类微生物燃料电池处理餐厨垃圾厌氧消化液的工艺构建及性能研究[D]. 济南:山东大学,2020.

[93] TAN S P, KONG H F, BASHIR M J K, et al. Treatment of palm oil mill effluent using combination system of microbial fuel cell and anaerobic membrane bioreactor[J]. Bioresource technology, 2017, 245(A): 916-924.

[94] VENKATA MOHAN S, MOHANAKRISHNA G, REDDY B P, et al. Bioelectricity generation from chemical wastewater treatment in mediatorless (anode) microbial fuel cell (MFC) using selectively enriched hydrogen producing mixed culture under acidophilic microenvironment[J]. Biochemical engineering journal, 2008, 39(1): 121-130.

[95] SUN J, CAI B H, ZHANG Y P, et al. Regulation of biocathode microbial fuel cell performance with respect to azo dye degradation and electricity generation via the selection of anodic inoculum[J]. International journal of hydrogen energy, 2016, 41

(9):5141-5150.
[96] MARASHI S K F,KARIMINIA H R,SAVIZI I S P. Bimodal electricity generation and aromatic compounds removal from purified terephthalic acid plant wastewater in a microbial fuel cell[J]. Biotechnology letters,2013,35(2):197-203.
[97] PATIL S A,SURAKASI V P,KOUL S,et al. Electricity generation using chocolate industry wastewater and its treatment in activated sludge based microbial fuel cell and analysis of developed microbial community in the anode chamber[J]. Bioresource technology,2009,100(21):5132-5139.
[98] PHAM C A,JUNG S J,PHUNG N T,et al. A novel electrochemically active and Fe(Ⅲ)-reducing bacterium phylogenetically related to Aeromonas hydrophila, isolated from a microbial fuel cell[J]. FEMS microbiology letters,2003,223(1):129-134.
[99] SUKKASEM C, LAEHLAH S, HNIMAN A, et al. Upflow bio-filter circuit (UBFC): biocatalyst microbial fuel cell (MFC) configuration and application to biodiesel wastewater treatment [J]. Bioresource technology, 2011, 102 (22): 10363-10370.
[100] COSTA A M,DE SOUZA MAROTTA ALFAIA R G,CAMPOS J C. Landfill leachate treatment in Brazil-An overview [J]. Journal of environmental management,2019,232:110-116.
[101] SONAWANE J M,ADELOJU S B,GHOSH P C. Landfill leachate: a promising substrate for microbial fuel cells[J]. International journal of hydrogen energy, 2017,42(37):23794-23798.
[102] STOLL Z A,FORRESTAL C,REN Z J,et al. Shale gas produced water treatment using innovative microbial capacitive desalination cell[J]. Journal of hazardous materials,2015,283:847-855.
[103] ZHANG X T,ZHANG D J,HUANG Y K,et al. Simultaneous removal of organic matter and iron from hydraulic fracturing flowback water through sulfur cycling in a microbial fuel cell[J]. Water research,2018,147:461-471.
[104] SONG X R,JO C,HAN L J,et al. Recent advance in microbial fuel cellreactor configuration and coupling technologies for removal of antibiotic pollutants[J]. Current opinion in electrochemistry,2022,31:100833.
[105] NAGA SAMRAT M V V,KESAVA RAO K,RUGGERI B,et al. Denitrification of water in a microbial fuel cell (MFC) using seawater bacteria[J]. Journal of cleaner production,2018,178:449-456.
[106] RAHIMNEJAD M,BAKERI G,NAJAFPOUR G,et al. A review on the effect of proton exchange membranes in microbial fuel cells[J]. Biofuel research journal, 2014,1(1):7-15.
[107] 温青. 电催化电极材料制备及应用于污水处理的研究[D]. 哈尔滨:哈尔滨工程大学,2008.

[108] SALAR-GARCÍA M J, GAJDA I, ORTIZ-MARTÍNEZ V M, et al. Microalgae as substrate in low cost terracotta-based microbial fuel cells: novel application of the catholyte produced[J]. Bioresource technology, 2016, 209: 380-385.

[109] KHATER D Z, EL-KHATIB K M, HASSAN R Y A. Effect of vitamins and cell constructions on the activity of microbial fuel cell battery[J]. Journal of genetic engineering and biotechnology, 2018, 16(2): 369-373.

[110] XU F, OUYANG D L, RENE E R, et al. Electricity production enhancement in a constructed wetland-microbial fuel cell system for treating saline wastewater[J]. Bioresource technology, 2019, 288: 121462.

[111] EBRAHIMI A, NAJAFPOUR G D, YOUSEFI KEBRIA D. Performance of microbial desalination cell for salt removal and energy generation using different catholyte solutions[J]. Desalination, 2018, 432: 1-9.

[112] ISLAM M A, EHIRAJ B, CHENG C K, et al. Biofilm re-vitalization using hydrodynamic shear stress for stable power generation in microbial fuel cell[J]. Journal of electroanalytical chemistry, 2019, 844: 14-22.

[113] PHAM H T, BOON N, AELTERMAN P, et al. High shear enrichment improves the performance of the anodophilic microbial consortium in a microbial fuel cell[J]. Microbial biotechnology, 2008, 1(6): 487-496.

[114] PINCK S, OSTORMUJOF L M, TEYCHENÉ S, et al. Microfluidic microbial bioelectrochemical systems: an integrated investigation platform for a more fundamental understanding of electroactive bacterial biofilms[J]. Microorganisms, 2020, 8(11): 1841.

[115] JONES A A D, BUIE C R. Continuous shear stress alters metabolism, mass-transport, and growth in electroactive biofilms independent of surface substrate transport[J]. Scientific reports, 2019, 9: 2602.

[116] GAO L, THANGAVEL S, GUO Z C, et al. Hydrodynamics analysis for an upflow integrated anaerobic digestion reactor with microbial electrolysis under different hydraulic retention times: effect of bioelectrode spatial distribution on functional communities involved in methane production and organic removal [J]. ACS sustainable chemistry & engineering, 2020, 8(1): 190-199.

[117] PAN Y, ZHU T, HE Z. Energy advantage of anode electrode rotation over anolyte recirculation for operating a tubular microbial fuel cell [J]. Electrochemistry communications, 2019, 106: 106529.

[118] YOON J Y, AHN Y, SCHRÖDER U. Parylene C-coated PDMS-based microfluidic microbial fuel cells with low oxygen permeability[J]. Journal of power sources, 2018, 398: 209-214.

[119] TANG L, LI X, ZHAO Y, et al. Effect of stirring rates in anodic area of sediment microbial fuel cell on its power generation[J]. Energy sources, part A: recovery, utilization, and environmental effects, 2017, 39(1): 23-28.

[120] LI J,FU Q,LIAO Q,et al. Persulfate:a self-activated cathodic electron acceptor for microbial fuel cells[J]. Journal of power sources,2009,194(1):269-274.

[121] GHADGE A N,JADHAV D A,PRADHAN H,et al. Enhancing waste activated sludge digestion and power production using hypochlorite as catholyte in clayware microbial fuel cell[J]. Bioresource technology,2015,182:225-231.

[122] HASSAN H,JIN B,DAI S,et al. Chemical impact of catholytes on Bacillus subtilis-catalysed microbial fuel cell performance for degrading 2,4-dichlorophenol[J]. Chemical engineering journal,2016,301:103-114.

[123] WU Y N,WANG L,JIN M,et al. Simultaneous copper removal and electricity production and microbial community in microbial fuel cells with different cathode catalysts[J]. Bioresource technology,2020,305:123166.

[124] FORRESTAL C, HUANG Z, REN Z J. Percarbonate as a naturally buffering catholyte for microbial fuel cells[J]. Bioresource technology,2014,172:429-432.

[125] SONG X,YANG W L,LIN Z Q,et al. A loop of catholyte effluent feeding to bioanodes for complete recovery of Sn,Fe,and Cu with simultaneous treatment of the co-present organics in microbial fuel cells[J]. Science of the total environment,2019,651(2):1698-1708.

[126] ASAITHAMBI P,GOVINDARAJAN R,YESUF M B,et al. Removal of color,COD and determination of power consumption from landfill leachate wastewater using an electrochemical advanced oxidation processes[J]. Separation and purification technology,2020,233:115935.

[127] VIRDIS B,RABAEY K,YUAN Z G,et al. Microbial fuel cells for simultaneous carbon and nitrogen removal[J]. Water research,2008,42(12):3013-3024.

[128] JADHAV G S,GHANGREKAR M M. Performance of microbial fuel cell subjected to variation in pH,temperature,external load and substrate concentration[J]. Bioresource technology,2009,100(2):717-723.

[129] ZHANG J Q,ZHENG P,ZHANG M,et al. Kinetics of substrate degradation and electricity generation in anodic denitrification microbial fuel cell (AD-MFC)[J]. Bioresource technology,2013,149:44-50.

[130] SONG T S,WANG D B,HAN S,et al. Influence of biomass addition on electricity harvesting from solid phase microbial fuel cells[J]. International journal of hydrogen energy,2014,39(2):1056-1062.

[131] ALI YAQOOB A,IBRAHIM M N M,GUERRERO-BARAJAS C. Modern trend of anodes in microbial fuel cells (MFCs):an overview[J]. Environmental technology & innovation,2021,23:101579.

[132] ALI YAQOOB A,MOHAMAD IBRAHIM M N,YAAKOP A S. Application of oil palm lignocellulosic derived material as an efficient anode to boost the toxic metal remediation trend and energy generation through microbial fuel cells[J]. Journal of cleaner production,2021,314:128062.

[133] QIN L J,GUO L L,XU B,et al. Exploring community evolutionary characteristics of microbial populations with supplementation of Camellia green tea extracts in microbial fuel cells[J]. Journal of the taiwan institute of chemical engineers,2020,113:214-222.

[134] MATSUMOTO A, NAGOYA M, TSUCHIYA M, et al. Enhanced electricity generation in rice paddy-field microbial fuel cells supplemented with iron powders [J]. Bioelectrochemistry,2020,136:107625.

[135] CHERAGHIPOOR M, MOHEBBI-KALHORI D, NOROOZIFAR M, et al. Production of greener energy in microbial fuel cell with ceramic separator fabricated using native soils:effect of lattice and porous SiO_2[J]. Fuel,2021,284:118938.

[136] PENG X H,YU H B,WANG X,et al. Enhanced anode performance of microbial fuel cells by adding nanosemiconductor goethite[J]. Journal of power sources,2013,223:94-99.

[137] YAN P,LU M,GUAN Y M,et al. Remediation of oil-based drill cuttings through a biosurfactant-based washing followed by a biodegradation treatment[J]. Bioresource technology,2011,102(22):10252-10259.

[138] HU G J,LIU H,CHEN C,et al. Low-temperature thermal desorption and secure landfill for oil-based drill cuttings management: pollution control, human health risk,and probabilistic cost assessment[J]. Journal of hazardous materials, 2021, 410:124570.

[139] 秦悦,林小秋,郑琳姗,等. 电极改性强化微生物燃料电池产电同步降解有机污染物研究进展[J]. 精细化工,2021,38(9):1737-1745.

[140] HAN T H,MOHAPATRA D,MAHATO N,et al. Effect of nitrogen doping on the catalytic activity of carbon nano-onions for the oxygen reduction reaction in microbial fuel cells[J]. Journal of industrial and engineering chemistry, 2020, 81:269-277.

[141] 靳宏伟,翟丹丹,王心,等. 石墨烯/聚苯胺修饰阳极对微生物燃料电池性能的影响[J]. 化工学报,2019,70(6):2343-2350.

[142] 刘诗彧,王荣昌,马翠香,等. 氧化石墨烯与聚苯胺修饰阴极的微生物燃料电池电化学性能[J]. 中国环境科学,2019,39(9):3866-3871.

[143] SHANTHI SRAVAN J, RAUNIJA T S K, VERMA A, et al. Impregnated thermoset pre-pressurized carbon composite electrodes in microbial fuel cell: Compositional functionalities influence on ORR with reference to graphite[J]. Fuel, 2021,285:119273.

[144] 庞典育,蔡腾,黄满红,等. 天然生物质制备高性能微生物燃料电池阳极研究[J]. 水处理技术,2020,46(11):51-57.

[145] 王博,高冠道,李凤祥,等. 微生物电解池应用研究进展 [J]. 化工进展,2017,36(3):1084-1092.

[146] JIANG Y,SU M,LI D P. Removal of sulfide and production of methane from carbon

dioxide in microbial fuel cells-microbial electrolysis cell (MFCs-MEC) coupled system[J]. Applied biochemistry and biotechnology,2014,172(5):2720-2731.

[147] FENG Q,XU L J,XU Y Z,et al. Treatment of aged landfill leachate by a self-sustained microbial fuel cell-microbial electrolysis cell system[J]. International journal of electrochemical science,2020,15(1):1022-1033.

[148] 王华元,杨厚云,李卫华. 人工湿地-微生物燃料电池耦合系统处理废水的应用进展[J]. 工业用水与废水,2020,51(6):1-7.

[149] 史珂,赵庆良,王维业,等. 铁锰复合阴极 MFC-EF 耦合系统产电及降解 RhB 效能[J]. 哈尔滨工业大学学报,2020,52(02):129-137.

[150] LIU X H,LU S Y,LIU Y,et al. Performance and mechanism of sulfamethoxazole removal in different bioelectrochemical technology-integrated constructed wetlands[J]. Water research,2021,207:117814.

[151] PANG M J, LONG G H, JIANG S, et al. One pot low-temperature growth of hierarchical δ-MnO_2 nanosheets on nickel foam for supercapacitor applications[J]. Electrochimica acta,2015,161:297-304.

[152] ZHANG L,WANG X Y,ZHENG X Q,et al. Oxygen-incorporated $NiMoP_2$ nanowire arrays for enhanced hydrogen evolution activity in alkaline solution[J]. ACS applied energy materials,2018,1(10):5482-5489.

[153] JOO M H,PARK S J,HONG S M,et al. Electrochemical recovery and behaviors of rare earth (La,Ce,Pr,Nd,Sm,Eu,Gd,Tb,Dy,Ho,Er,Tm,and Yb) ions on Ni sheets[J]. Materials,2020,13(23):5314.

[154] LEI X Y,GE S C,YANG T Y,et al. Ni-Mo-S@Ni-P composite materials as binder-free electrodes for aqueous asymmetric supercapacitors with enhanced performance[J]. Journal of power sources,2020,477:229022.

[155] JIA Y P,SUN W C,XIAO Y,et al. Effect of rare earth on the corrosion resistance of electroless Ni-Mo-P composite coatings[J]. Materials research,2022,25:e20210278.

[156] 高诚辉,李凝. 电沉积非晶/纳米晶 Ni-Mo-La 合金电极的析氢性能[J]. 中国有色金属学报,2011,21(11):2819-2824.

[157] ABU-ZIED B M, KHAN A. Microwave-assisted synthesis of micro/nano Nd-O powders[J]. Journal of materials research and technology,2020,9(5):10478-10490.

[158] WANG S L, LI Y J, LIU S W, et al. Superior electrochemical and kinetics performance of $LiNi_{0.8}Co_{0.15}Al_{0.05}O_2$ cathode by neodymium synergistic modifying for lithium ion batteries[J]. Journal of the electrochemical society, 2020, 167(9):090509.

[159] RAHMAN M M, ALAM M M, ASIRI A M, et al. Fabrication of 4-aminophenol sensor based on hydrothermally prepared ZnO/Yb_2O_3 nanosheets[J]. New journal of chemistry,2017,41(17):9159-9169.

[160] ELADGHAM E H,RODENE D D,SARKAR R,et al. Electrocatalytic activity of bimetallic Ni-Mo-P nanocrystals for hydrogen evolution reaction[J]. ACS applied

nano materials,2020,3(8):8199-8207.

[161] OHNO Y. XPS studies of the intermediate valence state of Yb in $(YbS)_{1.25}CrS_2$[J]. Journal of electron spectroscopy and related phenomena,2008,165(1/2/3):1-4.

[162] FLORES-LARREA L, RIVERA-MAYORGA J A, KSHETRI Y K, et al. Highly efficient textile supercapacitors fabricated with graphene/NiO∶Yb electrodes printed on cotton fabric[J]. Journal of alloys and compounds,2021,886:161219.

[163] LV Z P,ZHANG J R,NIU W,et al. Room-temperature ferromagnetism observed in Nd-doped In_2O_3 dilute magnetic semiconducting nanowires[J]. Chinese physics B, 2016,25(9):097502.

[164] BILOVOL V, FERRARI S, DEREWNICKA D, et al. XANES and XPS study of electronic structure of Ti-enriched Nd-Fe-B ribbons[J]. Materials chemistry and physics,2014,146(3):269-276.

[165] REN Q,JIN H L,XU X,et al. Hydrogen evolution reaction catalyzed by nickel/nickel phosphide nanospheres synthesized through electrochemical methods[J]. Electrochimica acta,2019,298:229-236.

[166] DARBAND G B, ALIOFKHAZRAEI M, ROUHAGHDAM A S, et al. Three-dimensional Ni-Co alloy hierarchical nanostructure as efficient non-noble-metal electrocatalyst for hydrogen evolution reaction[J]. Applied surface science,2019, 465:846-862.

[167] KHAMENEH-ASL S,FARZANEH A,TEYMOURINIA H,et al. Preparation of a Ni-Mo-P-PCTFE nanocomposite coating and evaluation of its nano-tribological, mechanical and electrochemical performance[J]. RSC advances, 2016, 6(82): 78774-78783.

[168] SHONGWE M B,MAKENA I M,AJIBOLA O O,et al. Effects of ternary metal additions on corrosion of spark plasma sintered Ni-Fe alloys in H_2SO_4 and NaCl[J]. Bulletin of the chemical society of ethiopia,2018,32(2):337.

[169] SUNDAY ISAAC FAYOMI O,SODE A,GODWIN AKANDE I,et al. Improving the structural properties and corrosion behaviour of electroless deposited Ni-P-Zn coatings on mild steel for advanced processes[J]. AIMS materials science,2020, 7(4):441-452.

[170] WU G,LI N,DAI C S,et al. Electrochemical preparation and characteristics of Ni-Co-$LaNi_5$ composite coatings as electrode materials for hydrogen evolution[J]. Materials chemistry and physics,2004,83(2/3):307-314.

[171] ZHANG H,CAO G P,WANG W K,et al. Influence of microstructure on the capacitive performance of polyaniline/carbon nanotube array composite electrodes [J]. Electrochimica acta,2009,54(4):1153-1159.

[172] CHESHIDEH H, NASIRPOURI F. Cyclic voltammetry deposition of nickel nanoparticles on TiO_2 nanotubes and their enhanced properties for electro-oxidation of methanol[J]. Journal of electroanalytical chemistry,2017,797:121-133.

[173] JOSEPH S, HUSSON O, GRABER E, et al. The electrochemical properties of biochars and how they affect soil redox properties and processes[J]. Agronomy, 2015,5(3):322-340.
[174] ABUIN G, COPPOLA R, DIAZ L. Ni-Mo alloy electrodeposited over Ni substrate for HER on water electrolysis[J]. Electrocatalysis, 2019,10(1):17-28.
[175] CHEN Z, TONG K, HE C L, et al. High quality oil recovery from oil-based drill cuttings via catalytic upgrading in presence of near-supercritical water and different industrial wastes[J]. Journal of cleaner production, 2021,321:129061.
[176] ZHANG Y M, ZHAO Y L, CHEN Z, et al. Electrochemical reduction of nitrate via Cu/Ni composite cathode paired with Ir-Ru/Ti anode: high efficiency and N_2 selectivity[J]. Electrochimica acta, 2018,291:151-160.
[177] CHO J, CHU S, DAUENHAUER P J, et al. Kinetics and reaction chemistry for slow pyrolysis of enzymatic hydrolysislignin and organosolv extracted lignin derived from Maplewood[J]. Green chemistry, 2012,14(2):428-439.
[178] CHENG S, TAKAHASHI F, GAO N B, et al. Evaluation of oil sludge ash as a solid heat carrier in the pyrolysis process of oil sludge for oil production[J]. Energy & fuels, 2016,30(7):5970-5979.
[179] HU H, WU M B. Heavy oil-derived carbon for energy storage applications[J]. Journal of materials chemistry A, 2020,8(15):7066-7082.
[180] DING Y, WANG T, DONG D, et al. Using biochar and coal as the electrode material for supercapacitor applications[J]. Frontiers in energy research, 2020,7:159.
[181] LIU Y R, PASKEVICIUS M, WANG H Q, et al. Role of O-containing functional groups in biochar during the catalytic steam reforming of tar using the biochar as a catalyst[J]. Fuel, 2019,253:441-448.
[182] ZHU H X, LIU X Y, JIANG Y, et al. Time-dependent desorption of anilines, phenols, and nitrobenzenes from biochar produced at 700 ℃: insight into desorption hysteresis[J]. Chemical engineering journal, 2021,422:130584.
[183] YANG B J, ZHANG M, WU M, et al. Synthesis of biochar-based Cu_2O nanoparticles and their antibacterial activity against Escherichia coli[J]. Inorganic and nano-metal chemistry, 2019,49(1):12-16.
[184] SRINIVASAN R, YOGAMALAR N R, ELANCHEZHIYAN J, et al. Structural and optical properties of europium doped yttrium oxide nanoparticles for phosphor applications[J]. Journal of alloys and compounds, 2010,496(1/2):472-477.
[185] DE OLIVEIRA KRAUSER M, DE SOUZA OLIVEIRA H H, CEBIM M A, et al. Relationship between scintillation properties and crystallite sizes in Y_2O_3 : Eu^{3+} [J]. Journal of luminescence, 2018,203:100-104.
[186] ZIELIŃSKA A, OLESZCZUK P, CHARMAS B, et al. Effect of sewage sludge properties on the biochar characteristic [J]. Journal of analytical and applied pyrolysis, 2015,112:201-213.

[187] HAO N, CAO J N, YE J S, et al. Content and morphology of lead remediated by activated carbon and biochar: a spectral induced polarization study[J]. Journal of hazardous materials, 2021, 411: 124605.

[188] KOUCHACHVILI L, ENTCHEV E. Ag/Biochar composite for supercapacitor electrodes [J]. Materials today energy, 2017, 6: 136-145.

[189] FANG L, DONG S Y, SHI L, et al. Modification of $CuCl_2 \cdot 2H_2O$ by dielectric barrier discharge and its application in the hydroxylation of benzene[J]. New journal of chemistry, 2019, 43(32): 12744-12753.

[190] LIU J, LIU H H, YANG X Y, et al. Preparation of Si-Mn/biochar composite and discussions about characterizations, advances in application and adsorption mechanisms[J]. Chemosphere, 2021, 281: 130946.

[191] SONG J Y, MESSELE S A, MENG L J, et al. Adsorption of metals from oil sands process water (OSPW) under natural pH by sludge-based Biochar/Chitosan composite[J]. Water research, 2021, 194: 116930.

[192] TAN X F, LIU Y G, GU Y L, et al. Biochar-based nano-composites for the decontamination of wastewater: a review[J]. Bioresource technology, 2016, 212: 318-333.

[193] MATYKIEWICZ D. Biochar as an effective filler of carbon fiber reinforced bio-epoxy composites[J]. Processes, 2020, 8(6): 724.

[194] NIEVA LOBOS M L, SIEBEN J M, COMIGNANI V, et al. Biochar from pyrolysis of cellulose: an alternative catalyst support for the electro-oxidation of methanol[J]. International journal of hydrogen energy, 2016, 41(25): 10695-10706.

[195] YUAN X J, SHEN D Y, ZHANG Q, et al. Highly exposed (001) facets $Ni(OH)_2$ induced formation of nickle phosphide over cadmium sulfide nanorods for efficient photocatalytic hydrogen evolution[J]. International journal of hydrogen energy, 2020, 45(16): 9397-9407.

[196] DIN S U, AWAN J M, IMRAN M, et al. Novel nanocomposite of biochar-zerovalent copper for lead adsorption[J]. Microscopy research and technique, 2021, 84(11): 2598-2606.

[197] WANG X, FENG J H, CAI Y W, et al. Porous biochar modified with polyethyleneimine (PEI) for effective enrichment of U(Ⅵ) in aqueous solution[J]. The science of the total environment, 2020, 708: 134575.

[198] PETRAN A, RADU T, CULIC B, et al. Tailoring the properties of magnetite nanoparticles clusters by coating with double inorganic layers[J]. Applied surface science, 2016, 390: 1-6.

[199] KOPLÍK J, KALINA L, MÁSILKO J, et al. The characterization of fixation of Ba, Pb, and Cu in alkali-activated fly ash/blast furnace slag matrix[J]. Materials, 2016, 9(7): 533.

[200] YAO J H, JIN T F, LI Y W, et al. Electrochemical performance of $Fe_2(SO_4)_3$ as a

novel anode material for lithium-ion batteries[J]. Journal of alloys and compounds, 2021,886:161238.

[201] ZHANG T T, LIU Y J, YANG L, et al. Ti-Sn-Ce/bamboo biochar particle electrodes for enhanced electrocatalytic treatment of coking wastewater in a three-dimensional electrochemical reaction system[J]. Journal of cleaner production, 2020, 258: 120273.

[202] STÖCKL M, SCHLEGEL C, SYDOW A, et al. Membrane separated flow cell for parallelized electrochemical impedance spectroscopy and confocal laser scanning microscopy to characterize electro-active microorganisms[J]. Electrochimica acta, 2016, 220: 444-452.

[203] LI J, ZHAO Y, WU A L, et al. Investigation of hydrogen evolution on electrodeposited Ni/P coated carbon paper electrode in microbial fuel cell[J]. International journal of electrochemical science, 2019, 14(8): 7582-7593.

[204] LIN Y C, CHUANG C H, HSIAO L Y, et al. Oxygen plasma activation of carbon nanotubes-interconnected Prussian blue analogue for oxygen evolution reaction[J]. ACS applied materials & interfaces, 2020, 12(38): 42634-42643.

[205] LI J C, HOU P X, CHENG M, et al. Carbon nanotube encapsulated in nitrogen and phosphorus Co-doped carbon as a bifunctional electrocatalyst for oxygen reduction and evolution reactions[J]. Carbon, 2018, 139: 156-163.

[206] SHAO C R, ZHANG F, LI X, et al. Influence of Cr doping on the oxygen evolution potential of SnO_2/Ti and Sb-SnO_2/Ti electrodes[J]. Journal of electroanalytical chemistry, 2019, 832: 436-443.

[207] MAO S, WEN Z H, HUANG T Z, et al. High-performance bi-functional electrocatalysts of 3D crumpled graphene-cobalt oxide nanohybrids for oxygen reduction and evolution reactions[J]. Energy & environmental science, 2014, 7(2): 609-616.

[208] GUO S P, LI J C, MA Z, et al. A facile method to prepare FeS/porous carbon composite as advanced anode material for lithium-ion batteries[J]. Journal of materials science, 2017, 52(4): 2345-2355.

[209] RYU D J, OH R G, SEO Y D, et al. Recovery and electrochemical performance in lithium secondary batteries of biochar derived from rice straw[J]. Environmental science and pollution research, 2015, 22(14): 10405-10412.

[210] CHEN J K, LI K X, LUO Y H, et al. A flexible carbon counter electrode for dye-sensitized solar cells[J]. Carbon, 2009, 47(11): 2704-2708.

[211] SHA L N, YE K, WANG G, et al. Rational design of $NiCo_2S_4$ nanowire arrays on nickle foam as highly efficient and durable electrocatalysts toward urea electrooxidation[J]. Chemical engineering journal, 2019, 359: 1652-1658.

[212] YANG H, HUANG S Y, ZHANG Y, et al. Remediation effect of Cr(Ⅵ)-contaminated soil by secondary pyrolysis oil-based drilling cuttings ash[J]. Chemical engineering journal, 2020, 398: 125473.

[213] ZHAO C X, GU Q M, CHEN G Y, et al. Study on high efficient aromaticity degrading bacteria in oily sludge[J]. IOP conference series: earth and environmental science, 2021, 621(1): 012106.

[214] EL-DESOKY H S, GHONEIM M M, EL-SHEIKH R, et al. Oxidation of Levafix CA reactive azo-dyes in industrial wastewater of textile dyeing by electro-generated Fenton's reagent[J]. Journal of hazardous materials, 2010, 175(1/2/3): 858-865.

[215] ZHOU M H, DAI Q Z, LEI L C, et al. Long life modified lead dioxide anode for organic wastewater treatment: electrochemical characteristics and degradation mechanism[J]. Environmental science & technology, 2005, 39(1): 363-370.

[216] 谢淼. 电极材料及催化剂对微生物燃料电池处理老龄垃圾渗滤液性能影响[D]. 重庆: 重庆大学, 2017.

[217] 徐艳昭. 电极及外电阻变化对单室微生物燃料电池性能的影响[D]. 重庆: 重庆大学, 2018.

[218] 张小婷. 生物电化学强化去除返排水中有机物和铁的硫循环与其调控[D]. 重庆: 重庆大学, 2020.

[219] CARDONA I, PARK H I, LIN L S. Improved COD measurements for organic content in flowback water with high chloride concentrations[J]. Water environment research, 2016, 88(3): 210-216.

[220] CHEN Z B, WANG H C, REN N Q, et al. Simultaneous removal and evaluation of organic substrates and NH_3-N by a novel combined process in treating chemical synthesis-based pharmaceutical wastewater[J]. Journal of hazardous materials, 2011, 197: 49-59.

[221] ZHANG X T, CHEN A X, ZHANG D J, et al. The treatment of flowback water in a sequencing batch reactor with aerobic granular sludge: performance and microbial community structure[J]. Chemosphere, 2018, 211: 1065-1072.

[222] HIEGEMANN H, LITTFINSKI T, KRIMMLER S, et al. Performance and inorganic fouling of a submergible 255 L prototype microbial fuel cell module during continuous long-term operation with real municipal wastewater under practical conditions[J]. Bioresource technology, 2019, 294: 122227.

[223] ROSSI R, JONES D, MYUNG J, et al. Evaluating a multi-panel air cathode through electrochemical and biotic tests[J]. Water research, 2019, 148: 51-59.

[224] CHOI S, CHAE J. An array of microliter-sized microbial fuel cells generating 100 μW of power[J]. Sensors and actuators A: physical, 2012, 177: 10-15.

[225] PANDIT S, SENGUPTA A, KALE S, et al. Performance of electron acceptors in catholyte of a two-chambered microbial fuel cell using anion exchange membrane [J]. Bioresource technology, 2011, 102(3): 2736-2744.

[226] CARMONA-MARTINEZ A A, HARNISCH F, FITZGERALD L A, et al. Cyclic voltammetric analysis of the electron transfer of Shewanella oneidensis MR-1 and nanofilament and cytochrome knock-out mutants[J]. Bioelectrochemistry, 2011,

81(2):74-80.

[227] POURNAGHI-AZAR M. Development of quinhydrone electrode in chloroform. Application to the determination of equilibrium constants of acid-base reactions and potentiometric titration of some amine drugs[J]. Talanta,1994,41(4):611-616.

[228] MOHAN S V, SRIKANTH S, SARMA P N. Non-catalyzed microbial fuel cell (MFC) with open air cathode for bioelectricity generation during acidogenic wastewater treatment[J]. Bioelectrochemistry,2009,75(2):130-135.

[229] PALANISAMY G,JUNG H Y,SADHASIVAM T,et al. A comprehensive review on microbial fuel cell technologies:processes,utilization,and advanced developments in electrodes and membranes[J]. Journal of cleaner production,2019,221:598-621.

[230] PUIG S, SERRA M, COMA M, et al. Microbial fuel cell application in landfill leachate treatment[J]. Journal of hazardous materials,2011,185(2/3):763-767.

[231] AHN Y,LOGAN B E. Saline catholytes as alternatives to phosphate buffers in microbial fuel cells[J]. Bioresource technology,2013,132:436-439.

[232] YANG N,ZHAN G Q,LI D P, et al. Complete nitrogen removal and electricity production in Thauera-dominated air-cathode single chambered microbial fuel cell [J]. Chemical engineering journal,2019,356:506-515.

[233] SEVDA S, SREEKISHNAN T R, POUS N, et al. Bioelectroremediation of perchlorate and nitrate contaminated water: a review[J]. Bioresource technology, 2018,255:331-339.

[234] YANG Z G,NIE C L,HOU Q J,et al. Coupling a photosynthetic microbial fuel cell (PMFC) with photobioreactors (PBRs) for pollutant removal and bioenergy recovery from anaerobically digested effluent[J]. Chemical engineering journal, 2019,359:402-408.

[235] KIM J R,ZUO Y,REGAN J M,et al. Analysis of ammonia loss mechanisms in microbial fuel cells treating animal wastewater [J]. Biotechnology and bioengineering,2008,99(5):1120-1127.

[236] XIA T, ZHANG X L, WANG H M, et al. Power generation and microbial community analysis in microbial fuel cells:a promising system to treat organic acid fermentation wastewater[J]. Bioresource technology,2019,284:72-79.

[237] DAI Q,ZHANG S,LIU H,et al. Sulfide-mediated azo dye degradation and microbial community analysis in a single-chamber air cathode microbial fuel cell [J]. Bioelectrochemistry,2020,131:107349.

[238] HOLMES D E,BOND D R,O'NEIL R A,et al. Microbial communities associated with electrodes harvesting electricity from a variety of aquatic sediments [J]. Microbial ecology,2004,48(2):178-190.

[239] WRIGHTON K C,AGBO P,WARNECKE F,et al. A novel ecological role of the Firmicutes identified in thermophilic microbial fuel cells[J]. The ISME journal, 2008,2(11):1146-1156.

[240] ZHANG B G, ZHANG J, LIU Y, et al. Identification of removal principles and involved bacteria in microbial fuel cells for sulfide removal and electricity generation [J]. International journal of hydrogen energy, 2013, 38(33): 14348-14355.

[241] FUTAMATA H, BRETSCHGER O, CHEUNG A, et al. Adaptation of soil microbes during establishment of microbial fuel cell consortium fed with lactate[J]. Journal of bioscience and bioengineering, 2013, 115(1): 58-63.

[242] LIU Q, YANG Y, MEI X X, et al. Response of the microbial community structure of biofilms to ferric iron in microbial fuel cells[J]. Science of the total environment, 2018, 631/632: 695-701.

[243] LONG X Z, CAO X, SONG H L, et al. Characterization of electricity generation and microbial community structure over long-term operation of a microbial fuel cell[J]. Bioresource technology, 2019, 285: 121395.

[244] LEE S W, JEON B Y, PARK D H. Effect of bacterial cell size on electricity generation in a single-compartmented microbial fuel cell[J]. Biotechnology letters, 2010, 32(4): 483-487.

[245] XIAO P Y, LU P L, ZHANG D J, et al. Effect of trace hydrazine addition on the functional bacterial community of a sequencing batch reactor performing completely autotrophic nitrogen removal over nitrite[J]. Bioresource technology, 2015, 175: 216-223.

[246] LOGAN B E. Essential data and techniques for conducting microbial fuel cell and other types of bioelectrochemical system experiments[J]. ChemSusChem, 2012, 5(6): 988-994.

[247] YU B, FENG L, HE Y L, et al. Effects of anode materials on the performance and anode microbial community of soil microbial fuel cell[J]. Journal of hazardous materials, 2021, 401: 123394.

[248] NANDY A, RADOVIĆ J R, NOVOTNIK B, et al. Investigation of crude oil degradation using metal oxide anode-based microbial fuel cell[J]. Bioresource technology reports, 2020, 11: 100449.

[249] ZHANG Y P, SUN J, HOU B, et al. Performance improvement of air-cathode single-chamber microbial fuel cell using a mesoporous carbon modified anode[J]. Journal of power sources, 2011, 196(18): 7458-7464.

[250] ZHANG J, CHU L L, WANG Z W, et al. Dynamic evolution of electrochemical and biological features in microbial fuel cells upon chronic exposure to increasing oxytetracycline dosage[J]. Bioelectrochemistry, 2020, 136: 107623.

[251] SHOJAEI B, KHAZAEE I. 1-D transient microbial fuel cell simulation considering biofilm growth and temperature variation[J]. International journal of thermal sciences, 2021, 162: 106801.

[252] GURAV R, BHATIA S K, CHOI T R, et al. Chitin biomass powered microbial fuel cell for electricity production using halophilic Bacillus circulans BBL03 isolated from

sea salt harvesting area[J]. Bioelectrochemistry, 2019, 130: 107329.

[253] ALI N, ANAM M, YOUSAF S, et al. Characterization of the electric current generation potential of the Pseudomonas aeruginosa using glucose, fructose, and sucrose in double chamber microbial fuel cell[J]. Iranian journal of biotechnology, 2017, 15(4): 216-223.

[254] WEI J C, LIANG P, HUANG X. Recent progress in electrodes for microbial fuel cells[J]. Bioresource technology, 2011, 102(20): 9335-9344.

[255] YANG F F, ZHANG K, ZHANG D J, et al. Treatment and nutrient recovery of synthetic flowback water from shale gas extraction by air-cathode (PMo/CB) microbial desalination cells[J]. Journal of chemical technology & biotechnology, 2021, 96(1): 262-272.

[256] GENG Y K, YUAN L, LIU T, et al. Thermal/alkaline pretreatment of waste activated sludge combined with a microbial fuel cell operated at alkaline pH for efficient energy recovery[J]. Applied energy, 2020, 275: 115291.

[257] YU Y, NDAYISENGA F, YU Z S, et al. Co-substrate strategy for improved power production and chlorophenol degradation in a microbial fuel cell[J]. International journal of hydrogen energy, 2019, 44(36): 20312-20322.

[258] JADHAV D A, GHANGREKAR M M. Effective ammonium removal by anaerobic oxidation in microbial fuel cells[J]. Environmental technology, 2015, 36(5/6/7/8): 767-775.

[259] LIU D, LEI L C, YANG B, et al. Direct electron transfer from electrode to electrochemically active bacteria in a bioelectrochemical dechlorination system[J]. Bioresource technology, 2013, 148: 9-14.

[260] ZHANG X T, ZHANG D J, HUANG Y K, et al. The anodic potential shaped a cryptic sulfur cycling with forming thiosulfate in a microbial fuel cell treating hydraulic fracturing flowback water[J]. Water research, 2020, 185: 116270.

[261] XIN X D, QIU W. Linking microbial mechanism with bioelectricity production in sludge matrix-fed microbial fuel cells: freezing/thawing liquid versus fermentation liquor[J]. Science of the total environment, 2021, 752: 141907.

[262] ZHANG Y D, LI J, YANG W, et al. Fe-N-doped carbon nanoparticles from coal tar soot and its novel application as a high performance air-cathode catalyst for microbial fuel cells[J]. Electrochimica acta, 2020, 363: 137177.

[263] CHATURVEDI P, GIRI B S, SHUKLA P, et al. Recent advancement in remediation of synthetic organic antibiotics from environmental matrices: challenges and perspective[J]. Bioresource technology, 2021, 319: 124161.

[264] COMMAULT A S, BARRIÈRE F, LAPINSONNIÈRE L, et al. Influence of inoculum and anode surface properties on the selection of Geobacter-dominated biofilms[J]. Bioresource technology, 2015, 195: 265-272.

[265] URIA N, FERRERA I, MAS J. Electrochemical performance and microbial

community profiles in microbial fuel cells in relation to electron transfer mechanisms[J]. BMC microbiology,2017,17(1):208.
[266] TOPCU Ş,TAŞKAN E. Effect of the tetracycline antibiotics on performance and microbial community of microbial fuel cell [J]. Bioprocess and biosystems engineering,2021,44(3):595-605.
[267] ZHANG Y P,LI G Q,WEN J,et al. Electrochemical and microbial community responses of electrochemically active biofilms to copper ions in bioelectrochemical systems[J]. Chemosphere,2018,196:377-385.
[268] RAMBABU K,BHARATH G,BANAT F,et al. Green synthesis of zinc oxide nanoparticles using Phoenix dactylifera waste as bioreductant for effective dye degradation and antibacterial performance in wastewater treatment[J]. Journal of hazardous materials,2021,402:123560.
[269] PASWAN B K,MAHTO V. Development of environment-friendly oil-in-water emulsion based drilling fluid for shale gas formation using sunflower oil[J]. Journal of petroleum science and engineering,2020,191:107129.
[270] WANG C Q,LIN X Y,MEI X D,et al. Performance of non-fired bricks containing oil-based drilling cuttings pyrolysis residues of shale gas[J]. Journal of cleaner production,2019,206:282-296.
[271] CHEN Z,ZHOU J Q,CHEN Z L,et al. A laboratory evaluation of superheated steam extraction process for decontamination of oil-based drill cuttings[J]. Journal of environmental chemical engineering,2018,6(5):6691-6699.
[272] YELLAPPA M,ANNIE MODESTRA J,RAMI REDDY Y V,et al. Functionalized conductive activated carbon-polyaniline composite anode for augmented energy recovery in microbial fuel cells[J]. Bioresource technology,2021,320:124340.
[273] LIM S S,FONTMORIN J M,PHAM H T,et al. Zinc removal and recovery from industrial wastewater with a microbial fuel cell: experimental investigation and theoretical prediction[J]. The science of the total environment,2021,776:145934.
[274] FENG Q,XU L J,LIU C L,et al. Treatment of shale gas fracturing wastewater using microbial fuel cells:mixture of aging landfill leachate and traditional aerobic sludge as catholyte[J]. Journal of cleaner production,2020,269:121776.
[275] YANG N,LIU H,ZHAN G Q,et al. Sustainable ammonia-contaminated wastewater treatment in heterotrophic nitrifying/denitrifying microbial fuel cell[J]. Journal of cleaner production,2020,245:118923.
[276] 陈禧,朱能武,李小虎. 串联微生物燃料电池的电压反转行为[J]. 环境科学与技术,2011,34(8):139-142.
[277] OH S E,LOGAN B E. Voltage reversal during microbial fuel cell stack operation [J]. Journal of power sources,2007,167(1):11-17.
[278] AELTERMAN P,RABAEY K,PHAM H T,et al. Continuous electricity generation at high voltages and currents using stacked microbial fuel cells[J]. Environmental

science & technology,2006,40(10):3388-3394.

[279] ZHUANG L,ZHENG Y,ZHOU S G,et al. Scalable microbial fuel cell (MFC) stack for continuous real wastewater treatment[J]. Bioresource technology,2012,106:82-88.

[280] KADIVARIAN M,DADKHAH A A,NASR ESFAHANY M. Oily wastewater treatment by a continuous flow microbial fuel cell and packages of cells with serial and parallel flow connections[J]. Bioelectrochemistry,2020,134:107535.

[281] ZHOU Y F,NIU J F,ZHANG G Q,et al. A three-dimensional self-standing Mo_2C/nitrogen-doped graphene aerogel:enhancement hydrogen production from landfill leachate wastewater in MFCs-AEC coupled system[J]. Environmental research,2020,184:109283.